Cálculo de Propiedades Estructurales, Ópticas y Electrónicas de Materiales: Teoría y Aplicaciones

Marco Antonio Chávez Rojo
José Manuel Nápoles Duarte
Luz María Rodríguez Valdez
María Elena Fuentes Montero
Juan Pedro Palomares Báez
Nora Aydeé Sánchez Bojorge

Cálculo de Propiedades Estructurales, Ópticas y Electrónicas de Materiales: Teoría y Aplicaciones

Copyright © 2017
Marco Antonio Chávez Rojo
José Manuel Nápoles Duarte
Luz María Rodríguez Valdez
María Elena Fuentes Montero
Nora Aydeé Sánchez Bojorge
Juan Pedro Palomares Báez
Gladis Patricia Mendoza Aragón
Juan Eduardo Sosa Hernández
Jesús Santana Solano
Priscilla Ivette Escobedo
Arnold González Vázquez
Luis Fuentes Cobas
Johan Mendoza Chacón
Erika Salas Muñoz
José David Quezada Borja
Gerardo Zaragoza Galán

All rights reserved

ISBN-10: 1548225029
ISBN-13: 978-1548225025

Indice

1 Introducción   **1**
- 1.1 Niveles de descripción 3
  - 1.1.1 Nanoescala 3
  - 1.1.2 Microescala 3
  - 1.1.3 Mesoescala 4
  - 1.1.4 Macroescala 4
- 1.2 Simulaciones en nanoescala 5
  - 1.2.1 La Ecuación de Schrödinger 5
  - 1.2.2 Aproximación de Born-Oppenheimer 7
  - 1.2.3 Unidades atómicas 7
- 1.3 Métodos computacionales 8
  - 1.3.1 Métodos *ab initio* 8
    - 1.3.1.1 Aproximación de Hartree y Método de Hartree–Fock 8
    - 1.3.1.2 Conjuntos base 9
    - 1.3.1.3 Resumen parcial 10
  - 1.3.2 Teoría del funcional de la densidad (DFT) 10
    - 1.3.2.1 Teoremas de Hohenberg–Kohn 10
    - 1.3.2.2 Método de Kohn-Sham 11

Referencias   **12**

2 Difusión de Microorganismos en Medios Porosos   **13**
- 2.1 Difusión en medios porosos 13
- 2.2 Dinámica de bacterias 14
  - 2.2.1 Simulación 15
    - 2.2.1.1 Dimensiones 16
    - 2.2.1.2 Interacciones 17
    - 2.2.1.3 Algoritmo de dinámica 17
- 2.3 Análisis estadístico de las distribuciones de velocidades y de ángulos de los experimentos 18
- 2.4 Desplazamiento cuadrático medio a partir de las simulaciones   25
- 2.5 Conclusiones 27

Referencias   **28**

3 Plasmones de Superficie en Cilindros — 29
   3.1 Introducción — 29
   3.2 Plasmones de superficie — 30
   3.3 Aplicaciones de PSPP en nanopartículas de plata — 32
   3.4 Frecuencias resonantes — 34
   3.5 Modelo de Drude — 36
      3.5.1 Función dieléctrica empírica vs calculada — 36
      3.5.2 Modelo simple — 38
      3.5.3 Velocidad de Grupo — 40
   3.6 Modos reales y virtuales de un cilindro — 42
   3.7 Modos electromagnéticos de un cilindro metálico — 42

Referencias — 45

4 Cálculo de Propiedades de Cristales Ferroeléctricos — 49
   4.1 Introducción — 49
      4.1.1 Efecto Jahn-Teller — 50
   4.2 Marco teórico para la modelación de cristales — 52
      4.2.1 Modelos históricos en Química Cuántica — 52
      4.2.2 DFT — 53
      4.2.3 Pseudopotenciales — 55
      4.2.4 Ventajas del DFT — 56
      4.2.5 Cálculos ab initio — 57
      4.2.6 Teoría moderna de la polarización — 59
      4.2.7 El concepto de Spin desde el punto de vista cuántico — 60
   4.3 Aplicaciones al cálculo de propiedades en ferroeléctricos tipo perovskita — 63
      4.3.1 Procedimiento experimental — 65
      4.3.2 Software y metodología computacional — 65
         4.3.2.1 $Na_{0.5}Bi_{0.5}TiO_3$ — 65
         4.3.2.2 $BiFeO_3$ — 67
      4.3.3 Resultados para $Na_{0.5}Bi_{0.5}TiO_3$ — 68
         4.3.3.1 Optimización de la celda — 68
         4.3.3.2 Parámetros reticulares — 70
         4.3.3.3 Polarización — 70
         4.3.3.4 Densidad de estados — 70
      4.3.4 Resultados para $BiFeO_3$ — 72
         4.3.4.1 Estructura y polarización del $BiFeO_3$ — 72

Referencias — 74

5 Análisis de Reactividad Química Teórica en Moléculas Orgánicas. Teoría y Aplicaciones — 77
    5.1 Conceptos básicos — 78
        5.1.1 Potencial químico (μ) y Electronegatividad (χ) — 78
        5.1.2 Dureza (η) y Blandura (S) Globales — 79
        5.1.3 Descriptores de Reactividad Local — 80
            5.1.3.1 Índices de Fukui — 80
    5.2 Aplicaciones prácticas — 81
        5.2.1 Análisis de estructura molecular — 83
        5.2.2 Análisis de reactividad química teórica. — 86
            5.2.2.1 Reactividad química global — 86
            5.2.2.2 Reactividad química local — 89

Referencias — 91

6 Análisis de Estados Excitados en Moléculas Orgánicas — 95
    6.1 Transferencia de Energía de Excitación Electrónica — 96
    6.2 Métodos de cálculo de estados excitados — 99
    6.3 Aplicación — 102
        6.3.1 Celdas solares — 102
        6.3.2 Celda solar tipo perovskita — 103
        6.3.3 Funcionamiento — 104
        6.3.4 Estructura — 104
        6.3.5 Análisis de los estados excitados en derivados de Trifenilamina — 106
            6.3.5.1 Conclusiones — 112

Referencias — 114

1. Introducción

Marco Antonio Chávez Rojo, María Elena Fuentes Montero, José Manuel Nápoles Duarte, Luz María Rodríguez Valdez, Juan Pedro Palomares Báez, Nora Aydeé Sánchez Bojorge

El desarrollo de conocimiento fundamental y sus aplicaciones avanzadas, están limitados generalmente, por la falta de recursos e instrumentos apropiados. Por esta razón, la emigración de científicos calificados a países desarrollados donde puedan realizar su trabajo en mejores condiciones, es algo que ocurre frecuentemente.

La química computacional y teórica ha experimentado un crecimiento considerable en los últimos años, y dentro de esta se han desarrollado métodos para el cálculo de sistemas poliatómicos que permiten simular la estructura y propiedades de los compuestos químicos mediante el uso de computadoras. Actualmente, es una ciencia de punta con un reconocido prestigio internacional. El premio Nobel de Química de 1998 fue concedido en esta especialidad. Gracias a la química computacional, el problema antes expuesto con la instrumentación se ve disminuido ya que no se trabaja con reactivos ni equipos costosos.

En los últimos años, los adelantos tecnológicos en los microprocesadores para computadoras de consumo masivo, han conllevado altas eficiencias de procesamiento en dispositivos de bajo precio. Esto ha hecho posible el desarrollo de investigación de alto nivel en instituciones con recursos materiales limitados.

La química computacional y la química tradicional tienen semejanzas fundamentales. En efecto, ambas químicas tienen sustentos teóricos comunes, tales como: el modelo atómico de Bohr, el principio de incertidumbre de Heisenberg, el principio de exclusión de Pauli, la existencia de orbitales atómicos, etc. Podríamos afirmar, que en ambas químicas los principios citados y otros más, se encuentran en el extremo opuesto de un hilo conductor que termina en la "realidad".

Sin embargo, aunque algunos conceptos de la química computacional pueden identificarse con conceptos de la química tradicional (por ejemplo, alta y baja densidad electrónica pueden ser comparados con los conceptos de nucleofilidad y electrofilidad), en realidad la química computacional emplea herramientas muy diferentes a los de la química tradicional y, frecuentemente, los datos le son suministrados seleccionándolos de bases de datos existentes; más aún, las características de moléculas y átomos son suministrados mediante modelos de barras, enlaces, bolas y puntos. Sorprendentemente, la introducción de esos modelos estructurales es suficiente para que los programas computacionales adecuados, basados en los modelos de la Mecánica Cuántica, proporcionen datos suficientes para que los químicos formulen respuestas en términos de la Química tradicional.

La química computacional posee un espectro de utilización muy amplio. Por ejemplo, se pueden realizar cálculos de modelación y predicción de estructuras nuevas de sistemas orgánicos e inorgánicos. Entre estos sistemas están incluidos metales, supramoléculas, proteínas, policristales, moléculas de actividad farmacológica y sensorial, etc. Gracias a este recurso se pueden estudiar, desde las propiedades físicas de un material dado (explicarlas, predecirlas), hasta los enlaces químicos que determinan las funciones de moléculas que sustentan la vida. Entre los objetivos de muchas investigaciones de importancia actual, se encuentra la búsqueda de nuevas moléculas que puedan contar con primacía en el mercado y el estudio de los mecanismos de acción de estos compuestos a nivel molecular. A través de la sinergia entre métodos estructurales y de síntesis y la modelación matemática, se logran ventajas en términos de rapidez y costo.

En resumen, la Química *in Silico* o Química Computacional, trata acerca de la creación de modelos: Un modelo constituye una manera simple de predecir resultados científicos, y nos permite comprender fenómenos antes de realizar la síntesis de un material o experimentar físicamente con él.

1.1. Niveles de descripción

El uso de las simulaciones computacionales abarca prácticamente todo tipo de sistemas y escalas espaciales. Así, se pueden emplear para estudiar desde la interacción entre las partículas elementales que forman la materia, hasta la interacción entre sistemas galácticos. A continuación se enumeran brevemente las escalas típicas que se estudian en la ciencia de materiales y las propiedades relevantes que pueden obtenerse numéricamente de las simulaciones.

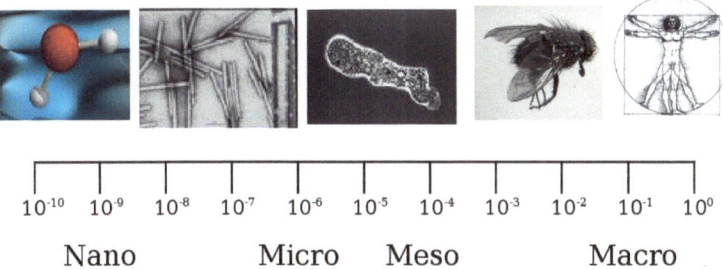

Figura 1.1: Diferentes escalas espaciales; desde las dimensiones atómicas hasta nuestro mundo macroscópico.

1.1.1. Nanoescala

- Dimensiones $\sim 10^{-10} - 10^{-7}$ m.
- Tiempos característicos $\sim 10^{-14} - 10^{-10}$ s. Se describen los sistemas a nivel atómico.
- Se pueden calcular propiedades moleculares como: estructura más estable, distancias interatómicas, ángulos, densidades electrónicas, modos vibracionales, espectros de absorción y emisión, entre otras.
- Una vez que se conocen las propiedades de las moléculas individuales, es posible predecir la interacción entre distintas moléculas.
- En el estudio de sólidos, pueden calcularse las propiedades de la red cristalina.
- Predecir las propiedades estructurales y de difusión de las moléculas que conforman un fluido.

1.1.2. Microescala

- Dimensiones $\sim 10^{-8} - 10^{-6}$ m.
- Tiempos característicos $\sim 10^{-11} - 10^{-8}$ s.

- En el caso de sólidos, se logran estudiar las interacciones entre dominios magnéticos, defectos en la estructura cristalina, entre otras.
- En el caso de fluidos, es posible analizar las propiedades de fluidos complejos como suspensiones coloidales, emulsiones, auto ordenamiento de macromoléculas y sistemas biológicos de interés.

1.1.3. Mesoescala

- Dimensiones $\sim 10^{-7} - 10^{-4}$ m.
- Tiempos característicos $\sim 10^{-9} - 10^{-3}$ s.
- A esta escala se puede estudiar el crecimiento de cristales, su morfología, y las interacciones que existen entre las partículas que forman los medios granulares, por mencionar algunos.

1.1.4. Macroescala

- Dimensiones $\sim 10^{-3}$ m.
- Tiempos característicos $\sim 10^{-3}$ s.
- Se estudian los materiales como un continuo. A esta escala se realizan simulaciones de dinámica de fluidos y de resistencia de materiales.

Dentro de este contexto general, vale la pena destacar que los dos métodos de simulación computacional más usados en teoría de líquidos, actualmente son: Dinámica Molecular, que es de carácter determinista, y Montecarlo, que es de carácter probabilístico. Ambos pueden considerarse como métodos para generar configuraciones diferentes de un sistema de partículas, es decir; "fotografías" típicas de las posiciones de las partículas, que guardan la información de la velocidad y posición de cada una de ellas. Los sistemas estudiados por estos métodos van desde centenas hasta decenas de millones de átomos. Los aspectos estudiados incluyen: propiedades estructurales, termodinámicas, mecánicas y cinéticas, entre otras.

Por otro lado, adicionalmente a los métodos de cálculo en la nanoescala que se verán a continuación, existen métodos novedosos donde el investigador crea sus propios modelos y escribe sus propios programas usando diversos códigos. Los primeros capítulos de este libro describen este tipo de caso.

1.2. Simulaciones en nanoescala

1.2.1. La Ecuación de Schrödinger

El cálculo de propiedades de moléculas y cristales es abordado desde el punto de vista de la mecánica cuántica, encontrando la función de onda $\Psi(r_1, r_2, \ldots, t)$[1] que evalúa a cada uno de los electrones y núcleos [1] del sistema. Dicha función de onda dentro de la ecuación de Schrödinger sin la dependencia del tiempo es:

$$E\Psi(r) = \left\{ \frac{-\hbar^2}{2m}\nabla^2 + V \right\} \Psi(r) \qquad (1.1)$$

O la representación corta:

$$E\Psi = H\Psi \qquad (1.2)$$

El Hamiltoniano del sistema es:

$$H = E_{cin} + E_{pot} \qquad (1.3)$$

La incorporación matemática a la ecuación 1.2 y 1.3 de las partículas constituyentes, se lleva a cabo a partir de las siguientes definiciones:

- Núcleos [1]: Se tienen M núcleos (enumerados con la letra k) localizados en la posición $\boldsymbol{R}_k$, tienen carga $Z_k e$, masa M_k y momento lineal $\boldsymbol{P}_k$.

- Electrones [1]: Se tienen N electrones (enumerados con la letra i) localizados en la posición $\boldsymbol{r}_i$, poseen carga $-e$, masa m_e y momento lineal $\boldsymbol{P}_i$.

- La función de onda ψ depende de:

    $X \equiv$ Posición de todos los núcleos.

    $x \equiv$ Posición y spin s de todos los electrones.

De los tres puntos anteriores, se obtiene que la energía cinética total debido al movimiento de los núcleos y los electrones es [1]:

$$E_{cin\ total} = \sum_{k=1}^{M} \frac{\hbar^2}{2M_k} \nabla^2_{\boldsymbol{R}_k} + \sum_{i=1}^{N} \frac{\hbar^2}{2m_e} \nabla^2_{\boldsymbol{r}_i} \qquad (1.4)$$

---

[1]r_n son las coordenadas espaciales de las n partículas y t es el tiempo.

Donde:

$$\nabla^2_{r_k} = \left(\frac{\partial}{\partial x_i}, \frac{\partial}{\partial y_i}, \frac{\partial}{\partial z_i}\right)$$

y

$$\nabla^2_{R_k} = \left(\frac{\partial}{\partial X_i}, \frac{\partial}{\partial Y_i}, \frac{\partial}{\partial Z_i}\right)$$

La energía potencial es la energía electrostática debida a la interacción entre partículas [1], ley de Coulomb [2]. Si se tiene un conjunto de cargas q_n en la posición r_n la energía potencial está dada por [1]:

$$E_{pot} = \frac{1}{2} \sum_{n_1 \neq n_2 = 1}^{N_q} \frac{1}{4\pi\varepsilon_0} \frac{q_{n_1} q_{n_2}}{|r_{n_1} - r_{n_2}|} \quad (1.5)$$

Ya que generalmente se presentan las interacciones entre núcleos–núcleos, electrones-electrones, núcleos-electrones [1], el Hamiltoniano de la ecuación 1.3 resulta:

$$\widehat{H} = -\sum_{k=1}^{M} \frac{\hbar^2}{2M_k} \nabla^2_{R_k} - \sum_{i=1}^{N} \frac{\hbar^2}{2m_e} \nabla^2_{r_i} + \frac{1}{2} \sum_{k_1 \neq k_2 = 1}^{M} \frac{1}{4\pi\varepsilon_0} \frac{Z_{k_1} Z_{k_2} e^2}{|R_{k_1} - R_{k_2}|}$$
$$+ \frac{1}{2} \sum_{i_1 \neq i_2 = 1}^{N} \frac{1}{4\pi\varepsilon_0} \frac{e^2}{|r_{i_1} - r_{i_2}|} + \sum_{k=1}^{M} \sum_{i=1}^{N} \frac{1}{4\pi\varepsilon_0} \frac{Z_k e^2}{|R_k - r_i|} \quad (1.6)$$

Escribiendo de forma corta los operadores de energía cinética entre núcleos, energía cinética entre electrones, energía potencial entre núcleos, energía potencial entre electrones y energía potencial entre núcleos–electrones, la ecuación 1.6 es:

$$\widehat{H} = \widehat{H}_{cin,n} + \widehat{H}_{cin,e} + \widehat{H}_{pot,n-n} + \widehat{H}_{pot,e-e} + \widehat{H}_{pot,n-e} \quad (1.7)$$

Finalmente, la ecuación de Schrödinger independiente del tiempo para un sistema con muchos cuerpos es obtenida de las ecuaciones anteriores y toma la forma:

$$[(\widehat{H}_{cin,n} + \widehat{H}_{pot,n-n}) + (\widehat{H}_{cin,e} + \widehat{H}_{pot,e-e} + \widehat{H}_{pot,n-e})]\Psi(X, x)$$
$$= E\Psi(X, x) \quad (1.8)$$

1.2.2. Aproximación de Born-Oppenheimer

La aproximación de Born-Oppenheimer, parte de la idea que debido a la gran diferencia en el tamaño del electrón con respecto al núcleo (1840 veces mayor para el núcleo más ligero), el electrón se mueve mucho más rápido que éste [3]. Por lo tanto, para un movimiento del núcleo, los electrones se ajustan a la nueva posición inmediatamente. Por esto, puede considerarse al núcleo fijo y a su energía cinética igual a cero. Con ésta simplificación del sistema, la ecuación 1.8 cambia a la siguiente forma:

$$(\widehat{H}_{cin,e} + \widehat{H}_{pot,e-e} + \widehat{H}_{pot,n-e})\Psi_e(X,x) = E_e(X)\Psi_e(X,x) \quad (1.9)$$

O en la forma extendida [1]:

$$\left[-\sum_{i=1}^{N}\frac{\hbar^2}{2m_e}\nabla_{r_i}^2 + \frac{1}{2}\sum_{i_1 \neq i_2=1}^{N}\frac{1}{4\pi\varepsilon_0}\frac{e^2}{|r_{i_1}-r_{i_2}|} + \sum_{k=1}^{M}\sum_{i=1}^{N}\frac{1}{4\pi\varepsilon_0}\frac{Z_k e^2}{|R_k - r_i|}\right]\Psi_e(X,x) = E_e(X)\Psi_e(X,x) \quad (1.10)$$

Después de la simplificación, la única dependencia que queda entre núcleos y electrones es la interacción electrostática.

1.2.3. Unidades atómicas

La ecuación 1.10 toma una forma menos complicada al remplazar las constantes fundamentales por [1]:

$\hbar = 1$

$m_e = \dfrac{1}{2}$

$|e| = \sqrt{2}$

$4\pi\varepsilon_0 = 1$

Las unidades resultantes sobre las cantidades compuestas son:

Energía(rydberg)   1 $rydberg$ = 13,60569 eV

Longitud(bohrs)   1 $bohr$ = 0,5292Å

Con estas unidades, se obtiene la ecuación de Scrhödinger a resolver para los N electrones, y esta toma la forma:

$$\left[\sum_{i=1}^{N} \hat{h}_1(r_i) + \frac{1}{2} \sum_{i \neq j=1}^{N} \hat{h}_2(r_i, r_j)\right] \Psi_e(x) = E_e \Psi_e(x) \quad (1.11)$$

Donde:

$$\hat{h}_1(r) = -\frac{1}{2}\nabla_r^2 + V(r) = -\frac{1}{2}\nabla^2 + V(r) \quad (1.12)$$

$$\hat{h}_2(r_i, r_j) = \frac{1}{|r_i - r_j|} \quad (1.13)$$

1.3. Métodos computacionales

1.3.1. Métodos *ab initio*

El termino *ab initio* significa desde el principio o primeros principios (del latín: ab "desde", e initio "inicio"), por lo que desde el punto de vista de la física computacional, es el cálculo de las cantidades de energía, posición, momento, etc. a partir de las posiciones atómicas y contantes físicas universales.

1.3.1.1. Aproximación de Hartree y Método de Hartree–Fock

Ya que no existe solución exacta a la ecuación de Shrodinger para un sistema de muchos cuerpos (un sólido cualquiera), es necesario aproximar la solución. Hartree [3] lo llevó a cabo partiendo de:

$$\hat{H}_e \Psi_e = E_e \Psi_e \quad (1.14)$$

Con la solución aproximada:

$$\Psi_e \simeq \Phi \quad (1.15)$$

Ψ_e es la función de onda del sistema, la cual es aproximada con Φ aplicando el método variacional de la ecuación 1.16 donde se varía el valor esperado de $\hat{H}_e$ considerando las funciones de onda posibles de los N electrones [1].

$$\frac{\langle \Phi | \hat{H}_e | \Phi \rangle}{\langle \Phi | \Phi \rangle} \quad (1.16)$$

La aproximación de Hartree [4, 5, 6], ofrece una manera de construir la función de onda aproximada con N funciones de onda (1 por electrón) que es:

$$\Phi(x_1, x_2, \ldots, x_n) = \phi(x_1)\phi(x_2)\ldots\phi(x_n) \tag{1.17}$$

Ésta expresión matemática no cumple con la definición de anti simetría, pues no toma en cuenta que los electrones son indistinguibles. Debido a esto no puede haber intercambio entre dos electrones [1], es decir; si intercambiamos los electrones entre los lugares disponibles, obtendríamos resultados diferentes, lo cual es un gran problema al tener solamente electrones indistinguibles. El método de Fock resuelve el problema previo de Hartree mediante una función Φ que es anti simétrica. Con esto se obtiene el mismo resultado al evaluar a los electrones en cualquiera de los N lugares disponibles, por lo tanto ya no es necesario encontrar un acomodo único de electrones. La función anti simétrica de Fock [1, 5, 7] tiene la forma:

$$\Phi(x_1, x_2, \ldots, x_n) = \frac{1}{\sqrt{N!}} \begin{vmatrix} \phi_1(x_1) & \phi_2(x_1) & \ldots & \phi_N(x_1) \\ \phi_1(x_2) & \phi_2(x_2) & \ldots & \phi_N(x_2) \\ \vdots & \vdots & \vdots & \vdots \\ \phi_1(x_N) & \phi_2(x_N) & \ldots & \phi_N(x_N) \end{vmatrix} \tag{1.18}$$

El factor $\frac{1}{\sqrt{N!}}$ es agregado con el fin de normalizar el determinante. Ésta ecuación es conocida como la aproximación de Hartree-Fock [5, 7] y su determinante es conocido como el determinante de Slater [1].

1.3.1.2. Conjuntos base

Para resolver la ecuación de Hartree-Fock, Roothan [8] sugirió expresar los orbitales en un conjunto de funciones base pre-definidos Ψ_i en la siguiente expresión:

$$\psi_k(x) = \sum_{i=1}^{Nb} \Psi_i(x) c_{ik}$$

El tipo de conjunto base $\Psi_i(x)$ más utilizado para el cálculo en sólidos son las ondas planas [5], éstas tienen la forma:

$$\Psi_i(r) = e^{ik_i \cdot r} \tag{1.19}$$

Las ondas planas tienen como característica ser completamente deslocalizadas, por lo que no describen átomos individuales, esto las convierte en una elección adecuada para tratar electrones libres, por lo tanto; a materiales cristalinos.

Por otro lado, los tipos de conjunto base $\Psi_i(x)$ más usados para el tratamiento de moléculas son:

1. Orbitales tipo Slater (J.C. Slater): $s(\zeta, r) = c x^n y^m z^l e^{-\zeta r}$
2. Orbitales tipo Gaussiano: $g(\alpha, r) = c x^n y^m z^l e^{-\alpha r^2}$

1.3.1.3. Resumen parcial

Con lo visto anteriormente, se pretendió mostrar un panorama general de las aproximaciones necesarias para encontrar la función de onda de un sistema de N partículas. Se mostró que existe una función Φ formada por ϕ_N funciones que son la solución aproximada del sistema con N electrones. Cada función de onda representa a un electrón que posee $4N$ variables (3 de posición (x, y, z) y una de spin). Así, un átomo aislado de Fe (con número atómico 26) posee 104 coordenadas.

Entonces, por ejemplo, para un sólido pequeño, el número total de coordenadas fácilmente superará los millones y es necesario un gran número de funciones ϕ_N para definir la función Φ de un sólido cristalino. Aunque es posible obtener la función de onda, debido a limitaciones prácticas, muchas de las propiedades calculadas serían menos precisas de lo deseado [1].

1.3.2. Teoría del funcional de la densidad (DFT)

La Teoría del Funcional de la Densidad se basa en utilizar la densidad electrónica en vez de la función de onda de Hartree-Fock para calcular todas las propiedades del sistema. Ésta propuesta existió desde el inicio de la teoría cuántica [1] cuando Tomas [9] y Fermi [10] sugirieron determinarla por medio del uso de argumentos estadísticos cuando el sistema contenía un número de partículas muy grande. Así el tratamiento estadístico estaría justificado. Publicaron una expresión para el cálculo de la energía total basada en la densidad electrónica [1].

1.3.2.1. Teoremas de Hohenberg–Kohn

Los teoremas de Hohenberg y Kohn corrigen la forma de la aproximación hecha por Thomas y Fermi.

Primer Teorema [1]: Es posible calcular cualquier propiedad de estado base sin la necesidad de conocer la función de onda completa, únicamente es necesario conocer la densidad electrónica.

Segundo Teorema [1]: Puede obtenerse la energía electrónica total del sistema, insertando densidades electrónicas aproximadas ρ' como se muestra en:

$$E_e[\rho'] = \underset{\Psi' \longrightarrow \rho'}{min} \langle \Psi' | \widehat{H} | \Psi' \rangle \qquad (1.20)$$

La magnitud de la energía que depende de ρ', en vez de ρ, no es del sistema real sino del aproximado, y siempre se cumple que: $\rho' \neq \rho$ [1].

1.3.2.2. Método de Kohn-Sham

El método de Kohn-Sham, proporciona la manera de calcular las propiedades de estado base empleando la densidad electrónica [11] por medio de la siguiente expresión para la energía electrónica del sistema:

$$E_e = T[\rho(r)] + \int V_{ext}(r)\rho(r)dr + \int V_C(r)\rho(r)dr + E'_{xc}[\rho(r)] \quad (1.21)$$

Los componentes de la energía están en función de la densidad electrónica y son, de izquierda a derecha:

- La energía cinética del sistema hipotético de Hartree.
- Potencial externo.
- Energía de Interacción de Coulomb (de la aproximación de Tomas-Fermi).
- Término de intercambio y correlación (aproximación de Hartree-Fock), ambos englobados en E_{xc}.

Para poder resolver la expresión 1.21 con programas computacionales se obtiene la derivada con respecto a la densidad, que es:

$$\frac{\delta E_e}{\delta \rho(r)} = \frac{\delta T}{\delta \rho(r)} + \frac{\delta}{\delta \rho(r)} \left[\int V_{ext}(r')\rho(r')dr' + \frac{1}{2}\int\int \frac{\rho(r_1)\rho(r_2)}{|r_1 - r_2|}dr_1 dr_2 \right] + \frac{\delta E'_{xc}}{\delta \rho(r)} \quad (1.22)$$

El procedimiento de Kohn y Sham para resolver 1.22 es [1]:

- Considerar un sistema ficticio de partículas no interactuantes.
- Asumir que éste sistema hipotético tiene la misma densidad electrónica que el sistema real.
- El sistema hipotético tiene la misma energía que el sistema real.
- Las partículas se mueven en un potencial externo efectivo.

La Teoría del Funcional de la Densidad es una de las más populares hoy en día. por eso; los últimos capítulos de este libro la abordan en casos particulares con más detalle.

Referencias

[1] Giuseppe Grosso and Giuseppe Pastori Parravicini. Solid state physics. In Giuseppe Grosso and Giuseppe Pastori Parravicini, editors, *Solid State Physics (Second Edition)*, page i–. Academic Press, Amsterdam, second edition edition, 2014.

[2] G A Gehring and K A Gehring. Co-operative jahn-teller effects. *Reports on Progress in Physics*, 38(1):1, 1975.

[3] Ralph G Pearson. Concerning jahn-teller effects. *Proceedings of the National Academy of Sciences*, 72(6):2104–2106, 1975.

[4] M Sepliarsky, RL Migoni, and MG Stachiotti. Ab initio supported model simulations of ferroelectric perovskites. *Computational materials science*, 10(1-4):51–56, 1998.

[5] Linus Pauling and E Bright Wilson. *Introduction to quantum mechanics with applications to chemistry*. Courier Corporation, 2012.

[6] K. Capelle. A bird's-eye view of density-functional theory. *Braz. J. Phys.*, 36(4):1318–1343, 2006.

[7] Ira N Levine, Daryle H Busch, and Harrison Shull. *Quantum chemistry*, volume 6. Pearson Prentice Hall Upper Saddle River, NJ, 2009.

[8] Jean-Louis Basdevant. Lectures on quantum mechanics. *NY: Springer*, 2007.

[9] Attila Szabo and Neil S Ostlund. *Modern quantum chemistry: introduction to advanced electronic structure theory*. Courier Corporation, 2012.

[10] Walter Kohn. Nobel lecture: Electronic structure of matter—wave functions and density functionals. *Reviews of Modern Physics*, 71(5):1253, 1999.

[11] Rickard Armiento. *The many-electron energy in density functional theory: from exchange-correlation functional design to applied electronic structure calculations*. PhD thesis, KTH, 2005.

2. Difusión de Microorganismos en Medios Porosos

Gladis Patricia Mendoza Aragón, Juan Eduardo Sosa Hernández, Jesús Santana Solano, Marco Antonio Chávez Rojo

El estudio de la motilidad de los microorganismos flagelados es un campo de creciente interés tanto desde el punto de vista científico como tecnológico. Por lo anterior, en la última década se han desarrollado estudios para comprender cómo los mecanismos de locomoción de las bacterias son afectados por las condiociones del medio en que estas se encuentran. En el presente capítulo se presenta un estudio de simulación de la difusión de *Escherichia coli MG*1655 bajo confinamiento en un medio poroso cuasi-bidimensional simulado con partículas de látex inmovilizadas entre dos placas de vidrio. Con los datos obtenidos de videomicroscopía fue posible desarrollar un algoritmo de simulación para describir la difusión de este microorganismo en un medio poroso.

2.1. Difusión en medios porosos

Los procesos de difusión se presentan en todos los fenómenos de transferencia de masa, los cuales ocurren cuando un componente presente en un medio o fase emigra a un segundo medio o fase, o bien a otra zona dentro del mismo medio, debido a una diferencia de concentración del componente que se transfiere [1].

Dado que muy frecuentemente, tanto en la naturaleza como en la industria, estos procesos difusivos se presentan en el interior de un medio poroso, es de gran interés comprender el efecto que tiene una matriz porosa en los fenómenos de difusión, ya que las características de la matriz pueden ser diferentes, desde el material, el tamaño y distribución de los poros [2].

El estudio de difusión en sistemas microscópicos se ha estudiado ampliamente y a través de los años se han desarrollado diferentes metodologías que permiten su observación a escala microscópica. Entre ellas, el estudio de sistemas cuasi-bidimensionales permite medir las propiedades estructurales y de difusión, así como las interacciones de las partículas en dicha escala. En 1998 Cruz de León y Arauz-Lara [3] desarrollaron una metodología para el estudio de difusión de partículas de poliestireno en un medio poroso cuasi-bidimensional simulado con una suspensión de partículas de diámetro mayor inmovilizadas. La matriz porosa fue generada con partículas no fluorescentes con un diámetro de 2,05 μm fijadas entre dos vidrios, mientras que las partículas coloidales libres en el medio fueron partículas de poliestireno de 0,5 μm de diámetro. La finalidad de estos experimentos fue medir la estructura de la especie móvil y a partir de esta, obtener el potencial de interacción efectivo entre las partículas.

2.2. Dinámica de bacterias

Con respecto a los fenómenos de difusión en medios porosos surge la cuestión de qué ocurrirá con la difusión si el soluto es una partícula activa, es decir, posee un mecanismo que le permite impulsarse dentro de la solución en la que se encuentre. Algunos ejemplos de estas partículas son los microorganismos ciliados, tal como algunos protozoos, o bien microorganismos flagelados, como las bacterias [4].

La bacteria *Escherichia coli,* es una bacteria flagelada, es decir, su mecanismo de propulsión se basa en el movimiento de sus apéndices denominados flagelos, los cuales son complejos proteicos compuestos de la proteína flagelina anclados a un motor, conocido como cuerpo basal, que mediante rotaciones le permiten a la bacteria desplazarse en un medio acuoso. *E. coli* posee de 4 a 6 flagelos alrededor de su cuerpo cilíndrico, por lo que es una bacteria perítrica. Estos flagelos giran en orden para brindarle motilidad a la bacteria, cuando los flagelos de *E. coli* giran en un sentido antihorario como se muestra en la figura 2.1, el desplazamiento es lineal, cuando uno o más flagelos giran en sentido horario, la bacteria se reorienta de manera aleatoria con un desplazamiento neto igual a cero, para después continuar con su movimiento en línea recta cuando los flagelos vuelven a rotar en sentido antihorario. El movimiento consecutivo descrito anteriormente es conocido como corrida y tumbo, el cual consta de trayectorias rectas con giros. Es un bacilo Gram negativo, con un diámetro de 1 μm aproximadamente y un largo de 2 − 5 μm [5], que se encuentra presente de manera natural en el tracto intestinal de los mamíferos [6].

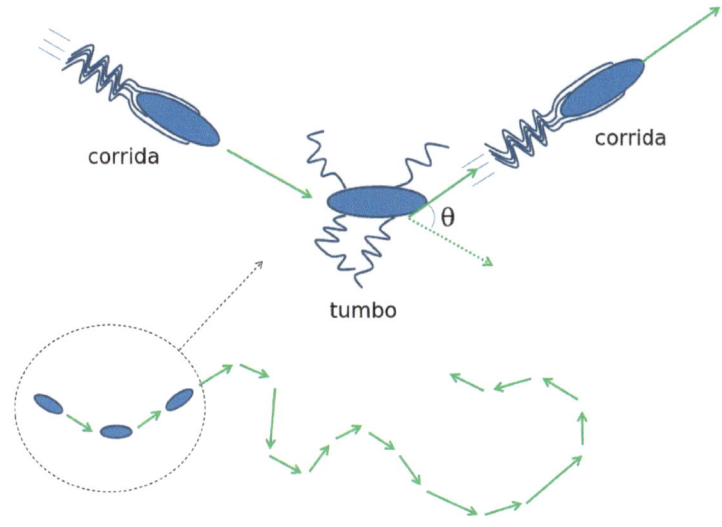

Figura 2.1: Esquema de movimiento en procariotas flagelados. El movimiento hacia adelante es impartido por todos los flagelos que giran en sentido antihorario (CCW) de manera coordinada. La rotación en sentido horario (CW) hace que la célula reoriente su dirección (tumbo) [6].

2.2.1. Simulación

Para la simulación del movimiento de las bacterias, se desarrolló un modelo matemático que describiera las velocidades y el desplazamiento de las bacterias en función de la fracción de área del medio poroso cuasi-bidimensional. Las bacterias fueron modeladas como dos esferas rígidas unidas tangencialmente. Los obstáculos fueron simulados como esferas rígidas distribuidas aleatoriamente dentro de la caja de simulación en función de la fracción de área. En la figura 2.2 se muestra la representación gráfica de las simulaciones anteriormente descritas (lado izquierdo), para una fracción de área de a) 0,011, b) 0,20 y c) 0,39. Las simulaciones se llevaron a cabo en tiempo real con un paso temporal de $1/1000\ s$.

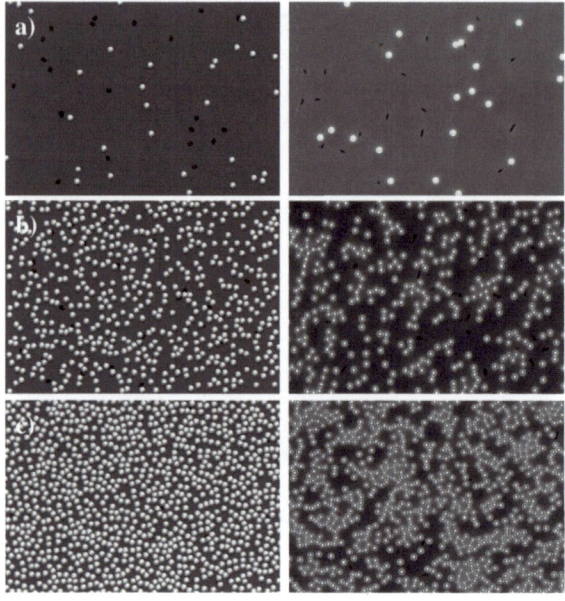

Figura 2.2: Comparación gráfica de la simulación computacional (izquierda) y experimentos (derecha) del fenómeno de motilidad de *E. coli* con una fracción de área de a) 0,011, b) 0,20 y c) 0,39.

A continuación se describen los elementos del código de programación:

2.2.1.1. Dimensiones

La bacteria *E. coli* mide 2-5 μm de largo, y 0,5-1 μm de diámetro [5], por lo que fueron modeladas como dos esferas rígidas de diámetro 1 μm unidas en un extremo como se muestra en la figura 2.3 a). Las partículas de látex empleadas para proporcionar la matriz porosa se modelaron como esferas rígidas de 3 μm de diámetro como se muestra en la figura 2.3 b).

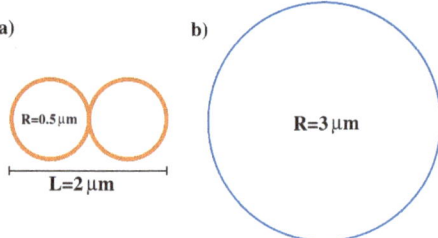

Figura 2.3: Comparación de dimensiones entre esferas que simulan a) *E. coli* y b) esferas que simulan las partículas de látex.

El tamaño de la caja de simulación se ajustó de acuerdo con el número de bacterias simuladas para mantener constante la fracción de área. En la tabla 2.1 se muestran los promedios de bacterias para cada fracción de área en los experimentos. Con estas condiciones, se garantiza que la cantidad de bacterias empleadas en la simulación no aumente la fracción de área como parámetro, debido a que un aumento de partículas dentro de una caja de tamaño fijo implica el aumento de la fracción de área ocupada. Para conservar la cantidad de bacterias y ahorrar uso de memoria en las simulaciones, se emplearon condiciones periódicas de frontera [7].

FA de área	No. promedio de bacterias	FA ocupada por las bacterias.
0.011	21	0.0077
0.06	14	0.0051
0.20	21	0.0007
0.25	14	0.0005
0.39	8	0.0003
Nota: FA=Fracción de área.		

Tabla 2.1: Fracción de área para experimentos.

2.2.1.2. Interacciones

Dado que el objetivo del presente estudio es comprender el efecto del confinamiento en la difusión de las bacterias, se consideran interacciones de esfera dura [7] entre las bacterias con ellas mismas y con la matriz porosa. Además, una comparación entre los resultados de simulación y los resultados experimentales permitirá obtener información sobre las interacciones hidrodinámicas que en medios con un alto grado de confinamiento pueden llegar a ser determinantes [8].

2.2.1.3. Algoritmo de dinámica

Una vez asignadas las velocidades de acuerdo con la distribución de probabilidad correspondiente [9], se inicia la dinámica de bacterias, la cual consiste en integrar las ecuaciones de movimiento

$$x(t + \Delta t) = x(t) + V_x \cdot \Delta t \tag{2.1}$$
$$y(t + \Delta t) = y(t) + V_y \cdot \Delta t \tag{2.2}$$

para cada bacteria.

Posteriormente, cada 33 pasos, que es el equivalente a 1/29,97 de segundo, se modifica la dirección de movimiento de la bacteria en un ángulo

$$V_x(t + \Delta t) = V_x(t)\left[cos\left(\frac{\theta_{al}\pi}{180}\right)\right] + V_x(t)\left[sen\left(\frac{\theta_{al}\pi}{180}\right)\right] \quad (2.3)$$

$$V_y(t + \Delta t) = V_x(t)\left[sen\left(\frac{\theta_{al}\pi}{180}\right)\right] + V_y(t)\left[cos\left(\frac{\theta_{al}\pi}{180}\right)\right] \quad (2.4)$$

donde θ_{al} se selecciona de manera aleatoria de acuerdo con la distribución de probabilidad del ángulo de giro. Estas distribuciones han sido obtenidas del análisis estadístico de las trayectorias mediante el estudia experimental [9]. En el presente estudio se realizaron simulaciones de 50,000 pasos temporales, equivalentes a 50 segundos.

2.3. Análisis estadístico de las distribuciones de velocidades y de ángulos de los experimentos

Como se ha mencionado anteriormente, una vez realizado el procesamiento de imágenes, se obtienen las posiciones y velocidades de las bacterias para todos los tiempos, de donde es posible obtener las distribuciones de velocidades. A dichas distribuciones se les ajustó una función gaussiana con media μ (= 0) y desviación estándar *sigma*, la cual depende de la fracción de área ocupada por los obstáculos. En la sección a) de las figuras 2.4 y 2.5 se muestran las distribuciones de velocidad obtenidas para una fracción de área de 0,011 y 0,39 respectivamente, donde se observa que la distribución de velocidades en x (círulos negros) es similar a la distribución de velocidades en y (diamante azul). Además, se aprecia que la distribución puede ser descrita mediante una distribución gaussiana (línea roja). Como se puede apreciar en la figura 2.5, cuando aumenta la fracción de área se logra un mejor ajuste mediante una distribución bimodal, de la forma

$$f(x) = \frac{x_1}{\sqrt{2\pi\sigma_1^2}} e^{-\frac{x^2}{2\sigma_1^2}} + \frac{1-x_1}{\sqrt{2\pi\sigma_2^2}} e^{-\frac{x^2}{2\sigma_2^2}} \quad (2.5)$$

Donde σ_1 y σ_2 son las desviaciones estándar de cada gaussiana. Sin embargo, las conclusiones generales de este trabajo no cambian significativamente si se emplea una distribución normal o bimodal, por lo que por simplicidad solo se desarrollaron simulaciones con ajustes de distribución unimodal.

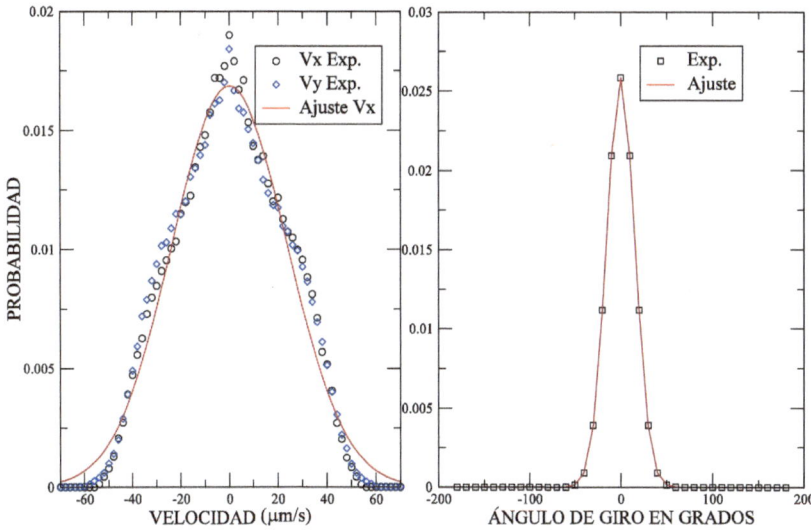

Figura 2.4: Gráficas de distribuciones de densidades: a) Distribución de velocidades en x y y para una fracción de área de 0,011 con ajuste de una gaussiana; b) Distribución de ángulos de giro para una fracción de área de 0,011.

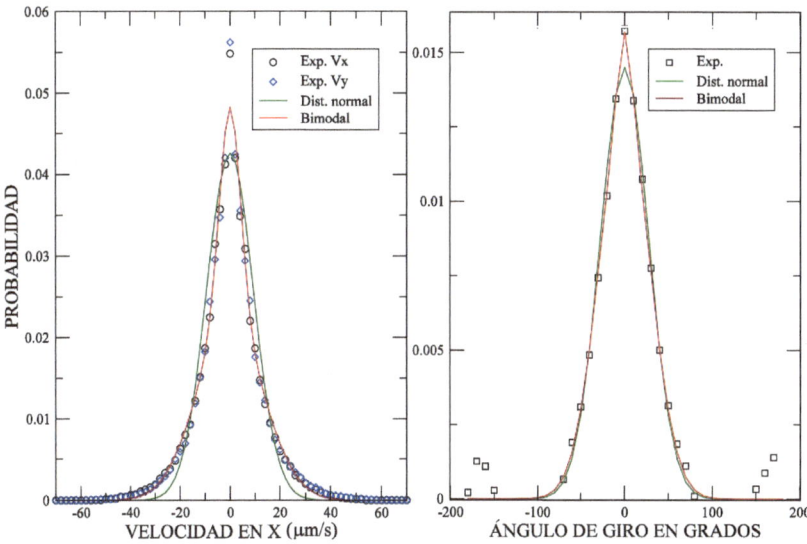

Figura 2.5: Gráfica de la distribución de densidades; a) Distribución de velocidades en x y y para una fracción de área de 0,39 con ajuste de una gaussiana y una distribución bimodal; b) Distribución de ángulos de giro para una fracción de área de 0,039.

19

En el ajuste de distribución normal a las distribuciones de velocidades para diferentes concentraciones se observa cómo conforme aumenta la fracción de área, la distribución gaussiana se hace más angosta, es decir, la desviación estándar disminuye debido a que cuando hay una mayor cantidad de obstáculos (mayor fracción de área) las bacterias tienden a chocar con mayor frecuencia con los mismos, lo que deriva en dos posibilidades: a) la bacteria se frena completamente (velocidad igual a 0), b) la bacteria disminuye su velocidad y realiza un giro para reorientarse. Lo que explica por qué entre mayor cantidad de obstáculos la probabilidad de observar velocidades altas disminuye, obteniéndose así, una gráfica más angosta. En la figura 2.6 se aprecian las distribuciones de velocidades en x para diferentes fracciones de área, donde se ilustra que las distribuciones unimodales proporcionan una descripción satisfactoria de los datos experimentales.

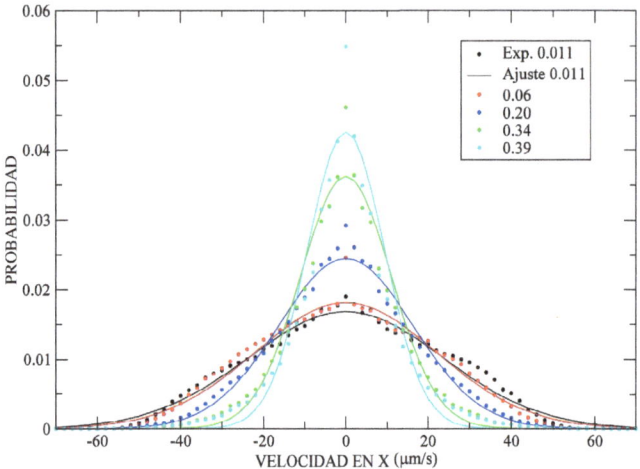

Figura 2.6: Distribución de velocidades en x para fracciones de área de 0,011, 0,06, 0,20, 0,34 y 0,39 (puntos) con su respectivo ajuste de distribución normal (línea sólida).

Como se ha señalado, cuando la fracción de área aumenta, las bacterias chocan con los obstáculos con una mayor frecuencia, por lo tanto, los giros de las bacterias para rodear o evitar los obstáculos son más frecuentes y la dimensión del giro es mayor, debido a que las bacterias giran incluso 180 grados para regresar, lo que en la gráfica se observa como el aumento de la desviación estándar conforme aumenta la fracción de área.

En la figura 2.7 se observa la distribución de ángulos de giro para diferentes fracciones de área, donde se aprecia la tendencia explicada anteriormente.

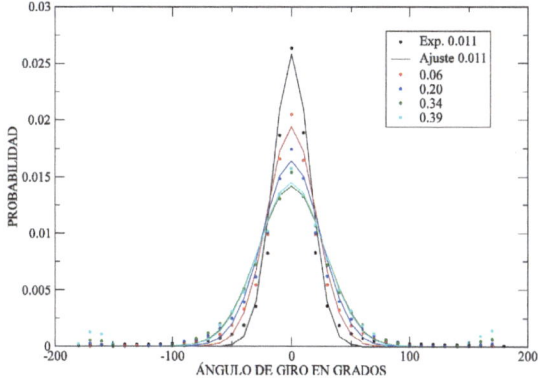

Figura 2.7: Distribución de ángulos de giro en grados para fracciones de área de 0,011, 0,06, 0,20, 0,34 y 0,39 (puntos) con su respectivo ajuste de distribución normal (línea sólida).

En la figura 2.8 se muestran las desviaciones estándar de las distribuciones de velocidad en x en función de la fracción de área. Se observa una tendencia lineal decreciente de la desviación estándar en función del área, es decir, conforme aumenta la fracción de área la desviación estándar disminuye, ya que cuando hay una mayor cantidad de obstáculos, las bacterias tienden a disminuir su velocidad a causa de los choques.

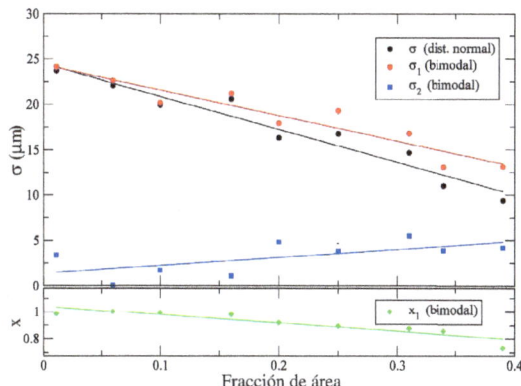

Figura 2.8: Tendencia de la desviación estándar de las distribuciones de velocidades en x (puntos), en función de la fracción de área (sin quimiotaxis) para ajustes normales (negro), ajustes bimodales con σ_1 (color rojo), σ_2 (color azul) y la fracción de área x_1 de la gaussiana correspondiente a σ_1 (color verde). Las líneas sólidas corresponden a un ajuste lineal.

En la tabla 2.2 se enlistan las ecuaciones lineales con las que pueden predecirse la desviación estándar de las velocidades y ángulos de giro en función de la fracción de área.

Distribución	Ajuste lineal	R^2
Velocidad en eje x	$y = -36{,}169x + 24{,}473$	0.9386
Velocidad en eje y	$y = -36{,}926x + 25{,}479$	0.9312
Ángulos de giro (°)	$y = 28{,}586x + 18{,}154$	0.7933
Nota: y = Desviación estándar, x = Fracción de área, R^2 = Coeficiente de correlación.		

Tabla 2.2: Resultados de ajuste de tendencias de la desviación estándar en función de la fracción de área ocupada por los obstáculos

De igual manera, en la figura 2.9 se presenta la descripción del comportamiento de la distribución de ángulos de tumbo como función de la concentración de obstáculos.

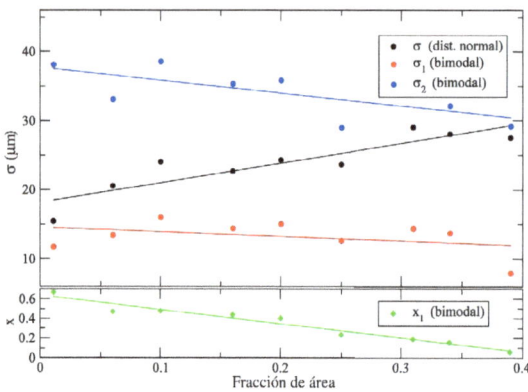

Figura 2.9: Tendencia de la desviación estándar de las distribuciones de ángulos de giro (puntos), en función de la fracción de área (sin quimiotaxis) para ajustes normales (color negro), ajustes bimodales con σ_1 (color rojo), σ_2 (color azul) y la fracción de área x_1 de la gaussiana correspondiente a σ_1 (color verde). Las líneas sólidas corresponden a un ajuste lineal.

Como se ha mostrado, al incrementar el número de obstáculos, se reduce la rapidez efectiva de las bacterias y su movimiento se hace más tortuoso, al aumentar el ángulo de sus tumbos, debidos a las colisiones con los obstáculos. De manera que se puede esperar que el desplazamiento de las bacterias sea afectado por la presencia de obstáculos.

En la figura 2.10 se muestra el desplazamiento cuadrático medio (MSD, por sus siglas en inglés) de las bacterias en función del tiempo en segundos para diferentes fracciones de área, donde se observa que el desplazamiento decrece conforme la facción de área aumenta, debido a la mayor frecuencia con que ocurren los cambios de dirección en la trayectoria de las bacterias.

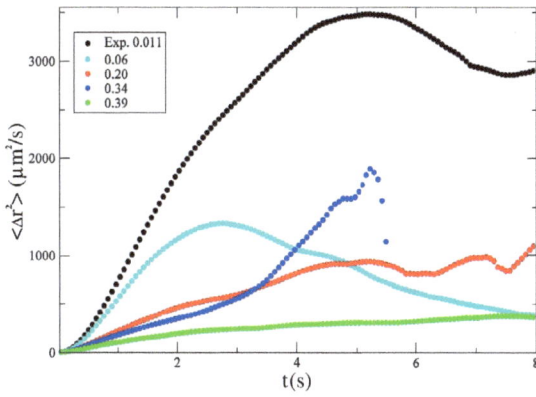

Figura 2.10: Desplazamiento cuadrático medio de las bacterias a diferentes fracciones de área en experimentos.

Debe destacarse que a tiempos superiores a 4 segundos se observa una caída en el MSD, esto es a causa de la falta de estadística, ya que en un tiempo promedio de 2 − 5 segundos la mayoría de las bacterias han salido del campo visual, por lo tanto, las bacterias que no han salido del cuadro, son pocas y además presentan una trayectoria con alta tortuosidad, o bien una baja velocidad, lo cual ocasiona un sesgo en el promedio del cálculo del MSD.

Otro aspecto importante que se observa en al graficar el MSD, es la separación de escalas temporales con respecto al comportamiento difusivo, que cambia, de ser superdifusivo a tiempos cortos, hasta ser subdifusivo a tiempos largos. Una manera simple de caracterizar el comportamiento difusivo, es mediante el análisis de la dependencia temporal del MSD. Dado que es proporcional a t^n

$$\langle \Delta r^2 \rangle = ct^n \tag{2.6}$$

el valor del exponente n permite clasificar los fenómenos difusivos [10] como se muestra en la tabla 2.3.

Esto se hace evidente cuando el desplazamiento cuadrático medio se grafica en escala logarítmica,

$$log\langle \Delta r^2 \rangle = log\, c + nlog \tag{2.7}$$

de manera que el exponente del tiempo, n, es la pendiente de la recta, y entonces, con la pendiente de la recta que resulta de graficar el MSD en escala logarítmica es posible separar los regímenes de difusión.

Clasificación	Valor de n
Superdifusivo	$n > 1$
Difusivo	$n = 1$
Subdifusivo	$n < 1$

Tabla 2.3: Clasificación de los fenómenos difusivos dado el valor del exponente del tiempo t^n

En la figura 2.11 se muestra que a tiempos cortos ($t < 0{,}8$) la pendiente de la recta es mayor a 1 independientemente del valor de la fracción de área, lo que indica que a tiempos cortos (fracción de segundos) las bacterias presentan un comportamiento superdifusivo, es decir, no presentan choques ni tumbos durante su trayectoria, lo cual es semejante a la expansión libre de un gas. A tiempos intermedios ($0{,}8 < t < 2$) la pendiente es aproximadamente igual a 1, lo que indica un comportamiento difusivo, es decir, partículas cuya trayectoria es errática debido a los choques con los obstáculos y a los tumbos, similar a las moléculas de un gas confinado o partículas brownianas. A tiempos largos (segundos) se observa cómo la pendiente decrece indicando el comportamiento subdifusivo de las bacterias, cuya trayectoria queda confinada momentáneamente en regiones rodeadas por obstáculos, de igual forma a lo que sucede en fenómenos difusivos en medios porosos.

Como referencia, se muestran rectas con pendiente $m = 1$ y $m = 2$ para comparar los valores de los exponentes en las escalas temporales mencionadas.

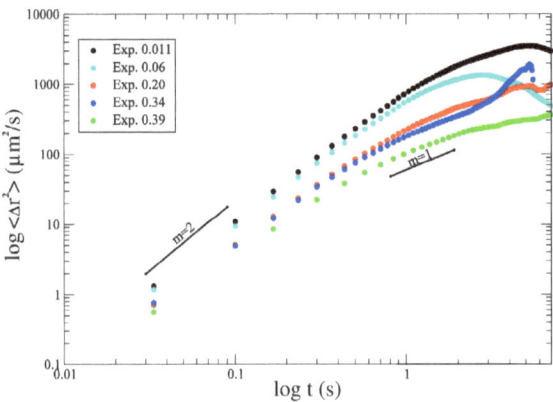

Figura 2.11: Desplazamiento cuadrático medio en escala logarítmica de las bacterias a diferentes fracciones de área en experimentos.

2.4. Desplazamiento cuadrático medio a partir de las simulaciones

Con los datos obtenidos en los experimentos se desarrolló un algoritmo de simulación para reproducir el movimiento de las bacterias. En la figura 2.12, se muestra el MSD predicho por las simulaciones, comparado con los resultados experimentales en el régimen de tiempos en el que se cuenta con una estadística suficiente. Se puede apreciar que a bajas concentraciones de obstáculos, la coincidencia de la simulación con el experimento es notable, mientras que a mayores concentraciones, la precisión de la predicción es cada vez menor.

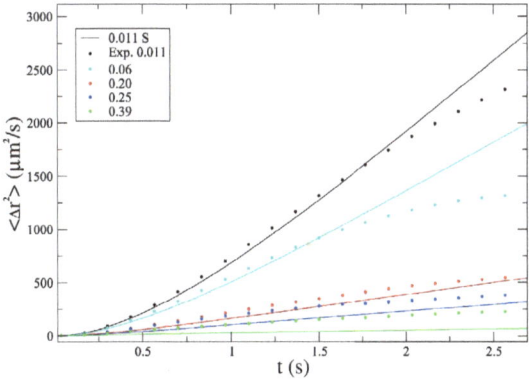

Figura 2.12: Comparación del desplazamiento cuadrático medio experimental con los resultados de las simulaciones para diferentes fracciones de área.

Dado que se pretende desarrollar una herramienta de simulación que prediga el comportamiento difusivo de la bacteria en un medio poroso, es necesario que no solo se obtengan valores aproximados de MSD para diferentes tiempos, sino que también se reproduzca correctamente la dependencia en el tiempo, en particular, el valor del exponente. En la figura 2.13 se muestran los mismos resultados de la figura anterior, en escala logarítmica.

Es fácil observar que para tiempos cortos e intermedios se reproduce correctamente la pendiente de las curvas, mientras que a tiempos largos existe una discrepancia, la cual, como se explicó anteriormente, tiene que ver con la falta de estadística de los resultados experimentales, por lo que es imposible emitir un juicio sobre la capacidad predictiva del modelo a este régimen temporal. Por otro lado, si bien la discrepancia cuantitativa a fracciones de área elevadas se hace muy notoria debido a la escala logarítmica, sería deseable mejorar el modelo para minimizar el error a concentraciones mayores de obstáculos. Por lo anterior, se realizaron simulaciones con los

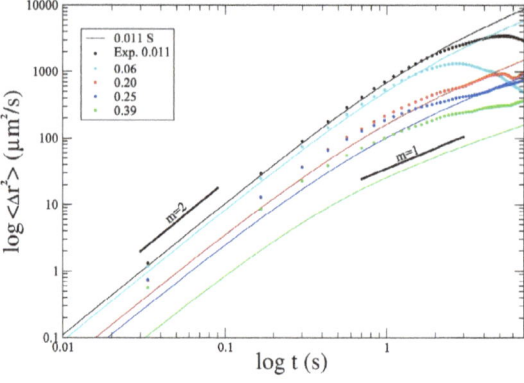

Figura 2.13: Comparación del MSD experimental con los resultados de las simulaciones para diferentes fracciones de área, en escala logarítmica.

datos experimentales de la fracción de área menor disponible en los experimentos, es decir, se empleó la media y la desviación estándar obtenidos del ajuste de las distribuciones de velocidad y ángulos de giro correspondientes a la fracción de área de 0.011 para realizar simulaciones con fracciones de área mayores. Los resultados se muestran en la figura 2.14, donde se aprecia que, a fracciones de área elevadas, las simulaciones aumentan considerablemente su capacidad predictiva, a diferencia de las figuras 2.12 y 2.13. Lo anterior se comprende, dado que en la simulaciones de las figuras 2.12 y 2.13 se sobreestima el efecto de los obstáculos, debido a que además de su presencia en el espacio en el que se difunden las bacterias, ya se han considerado en las distribuciones de probabilidad.

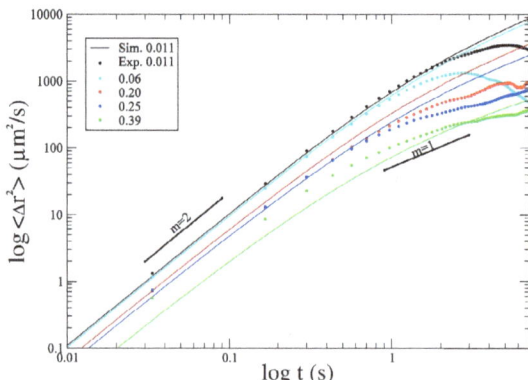

Figura 2.14: Comparación del MSD experimental con los resultados de las simulaciones para diferentes fracciones de área sin quimiotaxis, en escala logarítmica con distribuciones de velocidad de la fracción de área de 0,011.

Un aspecto importante a destacar es que dentro del algoritmo de simulación no han sido consideradas las interacciones hidrodinámicas ni las interacciones de los flagelos con los obstáculos y otras bacterias. Una dirección de trabajo futuro puede ser la determinación de la contribución de estas interacciones al realizar comparaciones exhaustivas con resultados experimentales.

2.5. Conclusiones

En conclusión, en el presente trabajo se desarrolló un código de programación que permite simular el movimiento individual y colectivo de *Escherichia coli* en un medio poroso cuasi-bidimensional. Para validar el algoritmo de simulación, se hicieron comparaciones con las propiedades de difusión medidas experimentalmente de las bacterias en sistemas con una matriz porosa de distribución aleatoria, con fracciones de área de 0,011 a 0,39. Se abre la posibilidad al desarrollo de códigos de programación con diferentes géneros de microorganismos motiles bajo diversas condiciones de confinamiento.

Las distribuciones de probabilidad de velocidades en x y en y, así como de ángulo de giro para el movimiento de las bacterias flageladas *E. coli* son descritas mediante una distribución normal. El ajuste de una distribución bimodal describe de forma satisfactoria las distribuciones de velocidades y ángulos de giro, por lo que se queda abierto a futuras investigaciones para una adecuada interpretación del ajuste con respecto al movimiento de las bacterias. La dispersión de las distribuciones de velocidad de las bacterias es inversamente proporcional a la fracción de área de la matriz porosa, mientras que la magnitud y frecuencia de los ángulos de giro son directamente proporcionales, lo que se traduce en un movimiento más tortuoso y por consiguiente, un desplazamiento cuadrático medio considerablemente menor. Las bacterias presentan un comportamiento superdifusivo a tiempos cortos, difusivo a tiempos intermedios y subdifusivo a tiempos largos, independientemente de la fracción de área en el medio. La simulación de bacterias considerando el potencial de esfera dura aporta resultados significativos aun sin considerar las interacciones hidrodinámicas en el medio ni las interacciones de los flagelos con el medio; sin embargo, se propone esta como un dirección natural en la que puede ser continuado el presente trabajo, así como la simulación en otros medios porosos en dos y tres dimensiones y con estructura más compleja.

Referencias

[1] Christie J Geankoplis. *Transport processes and separation process principles:(includes unit operations)*. Prentice Hall Professional Technical Reference, 2003.

[2] Edward Lansing Cussler. *Diffusion: mass transfer in fluid systems*. Cambridge university press, 2009.

[3] G Cruz de León and JL Arauz-Lara. Static structure and colloidal interactions in partially quenched quasibidimensional colloidal mixtures. *Physical Review E*, 59(4):4203, 1999.

[4] Robert M Macnab. How bacteria assemble flagella. *Annual Reviews in Microbiology*, 57(1):77–100, 2003.

[5] E. Sosa. Motilidad y quimiotaxis de E. coli en constricción generada por un dispositivo microfluídico. Master's thesis, Centro de Investigación y de Estudios Avanzados del Instituto Politécnico Nacional,Unidad Monterrey., 2013.

[6] M.T. Madigan. *Brock, biología de los microorganismos 12/e*. Fuera de colección Out of series. Pearson Educación, 2009.

[7] M.P. Allen and D.J. Tildesley. *Computer Simulation of Liquids*. Oxford Science Publ. Clarendon Press, 1989.

[8] Xiao-Lun Wu and Albert Libchaber. Particle diffusion in a quasi-two-dimensional bacterial bath. *Physical review letters*, 84(13):3017, 2000.

[9] Juan Eduardo Sosa-Hernández, Moisés Santillán, and Jesús Santana-Solano. Motility of escherichia coli in a quasi-two-dimensional porous medium. *Physical Review E*, 95(3):032404, 2017.

[10] Anna Bodrova, Awadhesh Kumar Dubey, Sanjay Puri, and Nikolai Brilliantov. Intermediate regimes in granular brownian motion: Superdiffusion and subdiffusion. *Physical review letters*, 109(17):178001, 2012.

3. Plasmones de Superficie en Cilindros

Priscilla Ivette Escobedo, Juan Pedro Palomares Báez, José Manuel Nápoles Duarte

3.1. Introducción

En los últimos años, ha habido un creciente interés en el estudio de la propagación de plasmones de superficie en superficies curvas [1, 2, 3]. El efecto de la curvatura sobre los plasmones superficiales que viajan a lo largo del eje principal del cilindro ha sido investigado tanto teórica como experimentalmente [4, 5, 6]. Se ha observado que para radios grandes, los plasmones viajan casi de la misma manera que en el caso de superficies planas, aunque la disminución de la escala del radio introduce cambios en la dispersión de los cilindros debido a acciones combinadas de efectos de penetración superficial y curvatura [7]. Estas observaciones sugieren que las resonancias plasmónicas en los cilindros están estrechamente relacionadas con los plasmones de superficie en interfaces planas, pero con claras diferencias asociadas a la geometría. La curvatura, directamente relacionada con el radio en el caso de los cilindros, tiene importantes consecuencias sobre las resonancias del plasmón, pero la forma en que se ven afectadas es una cuestión que está lejos de ser trivial [5]. Algunos trabajos teóricos en la literatura tratan de esta situación, por ejemplo, el trabajo de Hasegawa *et al.* presenta un cuadro claro de la propagación de plasmones superficiales en superficies curvas basado en soluciones electromagnéticas de cilindros metálicos [8]. Sin embargo, hay una falta de una descripción completa de la dependencia del radio. En este capítulo se estudiaran algunos aspectos relacionados a la formación de los plasmones de superficie en superficies curvas.

La interacción entre la luz y la materia es de gran importancia en el desarrollo de la ciencia y la tecnología, debido a que los materiales interactúan de manera diferente con la luz dependiendo de características dialécticas. Aprovechando estas interacciones se ha logrado explicar fenómenos ópticos y caracterizar sustancias. En el caso de los metales, por ejemplo, podemos decir que los metales brillan a frecuencias bajas porque los electrones de conducción responden casi de manera instantánea al campo eléctrico aplicado y forman un campo opuesto que puede cancelar al externo y en consecuencia es reflejado. Sin embargo, a frecuencias más altas, este mismo material se comporta como un dieléctrico y puede ser transparente [9]. A nivel macroscópico, todas las interacciones que determinan el comportamiento electromagnético de un material, o su comportamiento óptico, quedan englobadas en la cantidad llamada función dieléctrica, también conocida como constante dieléctrica, comúnmente deonatada por la letra griega ϵ [10].

3.2. Plasmones de superficie

Para entender lo que es un plasmón hay que recordar que en un metal existen electrones de conducción y electrones libres, dependiendo su cantidad del metal en cuestión. Al mar de electrones libres se le conoce como plasma, siendo un plasmón una oscilación colectiva de ese mar o un cuanto de oscilación del plasma [11]. La oscilación de electrones se produce por la llegada a la superficie de fotones que quedan atrapados y se transportan al interior del material, por lo que se requiere un campo eléctrico externo. Cuando la absorción y el scattering son muy grandes a cierta frecuencia, se dice que existe una señal de resonancia. La resonancia óptica que adquieren las nanoestructuras está fuertemente ligada a la geometría y a la parte real e imaginaria de la función dieléctrica del material, que indica la posición de la resonancia y qué tan grande y ancha será la misma, respectivamente. Se puede hablar de dos clases de plasmones de superficie: los plasmones polaritones localizados (LSPP) y los plasmones polaritones propagantes (PSPP). Los LSPP se producen cuando la longitud de onda de la luz incidente es más grande que la estructura, lo que provoca un campo eléctrico constante dentro de la estructura y proporcional al campo incidente [12], esto requiere una onda evanescente y un vector de onda $\vec{k}$ imaginario. Cuando $\vec{k}$ es real el modo es propagante, como sucedería en un nanoalambre. Cuando los plasmones de superficie se propagan en una interfase metal-dieléctrico pueden existir 2 tipos de modos, que se que se describen por su frecuencia y su vector de onda $\vec{k}$ unidos mediante una relación de dispersión $\omega(\vec{k})$. Estos modos son:

- Modo longitudinal, cuando el campo eléctrico es paralelo al vector de onda y se suele ignorar la parte imaginaria de la función dieléctrica, correspondiente a las pérdidas. Entre mayor sea el modo excitado, mayor será la energía de éste.

- Modo transversal, cuando el campo eléctrico es perpendicular al vector de onda.

Los modos en un plasmón de superficie se obtienen por el tipo de polarización de los campos, que pueden ser la polarización transversal TE (E_z=0) o la magnética TM (H_z=0). En general, existen los modos radiativos y no radiativos. Los primeros suceden cuando se dispersa una onda electromagnética propagante en la estructura; el decaimiento del modo no sólo se debe a la radiación sino también a la absorción del material. Un caso extremo de un modo muy absorbente se considera no radiativo, por lo que un modo transversal absorberá más energía electromagnética que un modo longitudinal. Los plasmones de superficie propagantes (PSPP) se logran en frecuencias normales ω/ω_p menores a $1/\sqrt{2}$ y son los más útiles en cuanto a aplicaciones plasmónicas [12]. Arriba de la frecuencia de plasma se obtienen los plasmones polaritones de volumen, llamados modos de Brewster. En general, se sabe que la intensidad de campo máxima se tiene en la superficie de la interfase entre un metal y un dieléctrico, usualmente considerado como vacío en la teoría, y decae de manera exponencial a medida que se aleja de ésta. Esto significa que el componente del vector de onda, normal a la superficie, es imaginario puro. Al momento de alejarse espacialmente de la fuente del campo electromagnético, que es la interfaz metal-dieléctrico, se tiene un decaimiento de la intensidad de los campos de manera ortogonal (o normal). Este comportamiento conlleva a considerar el llamado skin depth o efecto piel, que es la distancia dentro del metal donde el campo producido en la interfase ha decaído en $1/e$ y varía con la frecuencia según la ecuación 3.1.

$$\delta = \sqrt{\frac{2}{\omega \mu_0 \sigma_0}} \quad (3.1)$$

donde δ es el skin depth o profundidad superficial, ω es la frecuencia angular, μ es la permeabilidad y σ es la resistividad del metal [13]. El efecto piel se utiliza más en el estudio de guías de onda, es decir, cuando lo que se desea es conducir un campo eléctrico a través de la longitud del material y no mantenerlo dentro de él, sin embargo, permite caracterizar el fenómeno plasmónico dentro de una película metálica o su equivalente. En el caso de películas metálicas, el comportamiento de la intensidad del campo eléctrico se puede estudiar por sus modos simétricos y antisimétricos. El modo simétrico tiene su campo electromagnético mayormente concentrado sobre las superficies y su longitud de propagación aumenta al disminuir el espesor de la película, mientras que el modo antisimétrico es atenuado fuertemente cuando el espesor disminuye. Por ello, para transportar información se estudian los modos simétricos [14].

3.3. Aplicaciones de PSPP en nanopartículas de plata

Estudiar las partículas de plata tiene como fin implementar su uso en dispositivos para mejorar su funcionamiento, en base a que los plasmones de superficie producidos en ellas concentran y producen un campo eléctrico mejorado en la superficie. Por ejemplo, como guías de onda los nanoalambres de plata confinan luz a escalas de sublongitud de onda y pueden guiarla por distancias nanométricas, lo que les provee un gran potencial en aparatos nanofotónicos y para manipular luz en nanocircuitos [15]. Los PSPP permiten obtener una extraordinaria sensibilidad a las condiciones de superficie debido al campo existente en la interfase, por lo que se usan intensamente para estudiar adsorbatos y rugosidades sobre una superficie, además de emplearse como sensores químicos y biológicos [16]. También se ha buscado implementar nanoestructuras metálicas como sustratos en espectroscopía Raman amplificada por superficies para estudiar sistemas orgánicos biomiméticos. Aunque existen otros materiales y metales plasmónicos, la plata cobra gran importancia de estudio porque es el material con mejor factor de calidad, parámetro relacionado con la energía que se logra almacenar contra la que se disipa. Otra ventaja de la plata es que se considera químicamente inerte, lo que permite visualizar su uso para aplicaciones referentes a sistemas biológicos, sobretodo en combinaciones con el oro, que también posee esta propiedad y mantiene mayor estabilidad en la superficie metálica. La tecnología de biosensado basado en la resonancia de plasmones de superficie ha permitido observar interacciones biomoleculares en tiempo real. Además de su relativo bajo costo en comparación con otros metales, la plata soporta fuertes plasmones de superficie y posee una alta conductividad eléctrica y térmica. Debido a que la forma y el tamaño son factores importantes para controlar y manipular las respuestas plasmónicas en los materiales [17], es una gran ventaja que la plata se pueda sintetizar de diferentes maneras para lograr geometrías muy variadas, propiedad que no se puede lograr con todos los metales [18]. Se ha comprobado que al utilizar nanopartículas metálicas se incrementa la fotocorriente en una celda solar [19] y el avance en el conocimiento plasmónico permite explorar diferentes dispositivos para mejorar celdas solares [20], además de que las frecuencias de oscilación plasmónicas en nanopartículas (también llamadas eigenfrecuencias o frecuencias naturales) se localizan en rangos desde el ultravioleta hasta el infrarrojo [21], lo cual permite absorber luz en varias longitudes de onda. Los nanoalambres también han demostrado ser buenos captadores de luz lo que mejora la fotoconversión en las celdas solares [22]. Aunado a esto, las estructuras cilíndricas anidadas que contienen metales plasmónicos en conjunto con materiales orgánicos tienen la posibilidad de mejorar la recolección de luz en dispositivos fotovoltaicos además de mejorar la transferencia de datos en circuitos electrónicos al reducir las pérdidas en conducción [23]. Ejemplo de otras estructuras anidadas lo dan los nanoalambres de plata con recubrimiento de α-silicio, cuya absorción fotónica se optimiza al descentralizar el nanoalambre de plata en la estructura de silicio con la polarización TE [24]. Sustituir la base de silicio como material de las placas por materiales plásticos y polímeros flexibles permitiría construir células solares más flexibles y adaptables a cualquier superficie. El problema es que, hasta ahora, el rendimiento de estos polímeros captadores de luz resulta aún bastante bajo. "Incluso los mejores materiales tienen una eficiencia media del 5 %", ha indicado Paul Berger. "A pesar de que fabricar los polímeros es más barato en comparación con otros materiales de las células solares, necesitas incrementar esa eficiencia hasta, al menos, el 10 % para que sea rentable. Los polímeros actuales absorben sólo una fracción de la luz solar que llega". Berger es el creador de una técnica que permite a los polímeros incrementar su rendimiento. Esto se logra añadiendo nanopartículas de plata. Su investigación ha demostrado que un polímero rinde 6,2 miliamperios por centímetro cuadrado, pero con la plata, el material genera 7 miliamperios. Puede parecer un incremento escaso, pero los cálculos realizados por Berger en la revista Solar Energy Materials and Solar Cells aseguran que ese aumento se traduce en el 12 % más de corriente eléctrica, aunque matiza que no significa que en una placa ese incremento se traslade literalmente en este porcentaje, puesto que siguen existiendo problemas a escalas mayores. Sin embargo, su investigación demuestra que la plata puede aumentar el rendimiento de casi cualquier placa solar, gracias a la técnica empleada (se micro-capsula cada partícula de plata en un tipo de polímero que es diferente del que forma la propia placa, y al colocarse debajo, esas partículas así encapsuladas forman un mosaico regular que mejora la absorción de luz).

3.4. Frecuencias resonantes

El fenómeno del plasmón de superficie representa una solución particular a las ecuaciones de Maxwell, puesto que son ondas propagándose paralelamente a la interfase y cuya amplitud decrece exponencialmente de forma perpendicular a la misma. La interacción que tengan las nanopartículas de plata con la luz depende en gran medida de la morfología y tamaño que tengan, por lo que variando los parámetros geométricos de éstas se pueden alcanzar optimizaciones en función de la interacción con campos electromagnéticos que produzcan excitaciones del plasmón. Ya que las nanopartículas tienen diferentes comportamientos ópticos en función de la frecuencia, el hecho de encontrar un comportamiento óptimo depende de la capacidad de describir el sistema de manera matemática con términos escritos en función de la frecuencia que se emplea y del modo con que se trabaja. Sin embargo, el sistema no se puede describir en función de modos y frecuencias a menos que se conozca la geometría de las partículas para poder exponer condiciones de frontera adecuadas [21]. Derkachova y Kolwas realizaron un análisis de nanoesferas, determinando una descripción de las relaciones de dispersión para encontrar las soluciones o frecuencias resonantes que producirían una excitación del plasmón con diferentes tamaños de radio [25]. Estudiando una optimización del tamaño en términos del factor de calidad, concluyen que las mejores propiedades ópticas se obtienen en radios de trabajo pequeños y que éste alcanza un valor óptimo distinto para los primeros modos y coincide en un sólo valor para modos de orden más alto. Las relaciones de dispersión existentes en nanoalambres han sido descritas por Stratton [21] y recientemente se hizo una optimización del radio suponiendo nanoalambres infinitos de plata [26] determinando que a partir de radios menores a 96 nm no existe un aumento en el factor de calidad en la mayoría de los modos transversales. En la figura 3.1 se puede ver que los modos transversales tienen relación con la banda de plasmón en partículas cilíndricas [27]. Debido a ello, un estudio teórico se puede cotejar con espectros UV-Vis para obtener las resonancias plasmónicas correspondientes a cada tipo de modo. Las estructuras geométricas que siguen a los cilindros en grado de complejidad son los tubos, puesto que son geometrías cilíndricas anidadas, de manera que se debe desarrollar un modelo que describa estas estructuras con el fin de mejorar la capacidad de almacenaje de energía que tienen las nanopartículas de plata. Para estudiar estas geometrías se debe empezar por lo más sencillo: los nanocilindros o nanoalambres, para pasar a los nanotubos y sentar las bases para lograr describir estructuras cilíndricas más complejas o con capas. La importancia de estudiar nanotubos radica en que las cavidades dentro de un metal producen efectos de retardo que modifican las energías de los modos, produciendo plasmones que se propagan a través de las superficies

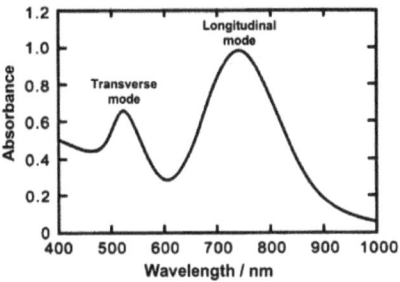

Figura 3.1: Espectro de extinción típico para nanopartículas no esféricas de oro, mostrando las bandas asignadas a los modos de resonancia plasmónica transversales y longitudinales. Tomado de [27].

curvas, logrando similitudes para los llamados modos de galería susurrante (whispering gallery modes) que pueden alcanzar factores de calidad muy elevados [12]. Además las curvaturas de las estructuras proveen un medio natural de acople de las ondas electromagnéticas para producir plasmones, a diferencia de las superficies planas que requieren técnicas adicionales para exitar los plasmones, como el uso de prismas o rugosidades en la superficie. Según la literatura, de la misma manera en que una nanoshell o nanocápsula tienen un comportamiento híbrido entre una nanocapilaridad y una nanoesfera, los tubos también son un sistema híbrido entre un nanoalambre y un nanocapilar (o nanohueco) como se muestra en la figura 3.2. El modelo de

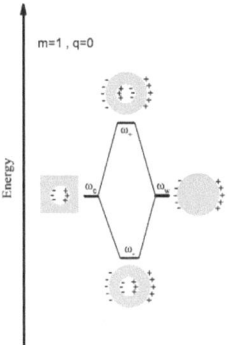

Figura 3.2: Diagrama de energía en el modelo de hibridización de un nanotubo para $m = 1$ y vector de onda $q = 0$. Los niveles de energía marcados con ω_c y ω_w representan las resonancias plasmónicas de un capilar y un alambre (por el inglés wire). Los niveles de energía $\omega_\pm$ son los modos plasmónicos simétricos y antisimétricos. Adaptado de [28].

hibridización indica que a diferencia de un nanocapilar o un nanoalambre, un nanotubo tendrá dos frecuencias resonantes, una de mayor energía que la otra [28], lo que se verá reflejado en el factor de calidad, que es una medida de la energía. Esto permite esperar que un nanotubo tenga mejores propiedades ópticas que un nanoalambre.

3.5. Modelo de Drude

El primer modelo para describir la función dieléctrica para metales, que tomó en cuenta los electrones ligados débilmente en los metales fue realizado por Paul Drude en 1900 [9], quien consideró el sistema como similar al de un gas ideal denominado plasma. El plasma es la nube de electrones que rodea a las posiciones de los núcleos del metal y puede mantener oscilaciones colectivas llamadas modos normales.

A pesar que para hacer una descripción de los fenómenos electromagnéticos se debe recurrir a una descripción mecánico-cuántica, en algunos casos es posible describirlos considerando los átomos de la sustancia con los electrones ligados a los núcleos usando un modelo de oscilador armónico simple, donde se simplifican las fuerzas que intervienen en una molécula. De esta manera, la fuerza que siente un electrón es análoga a la ejercida por un resorte. El modelo de Drude permite obtener la función dieléctrica de un material metálico en función de la frecuencia angular que interacciona con el material como se muestra a continuación.

$$\varepsilon_D(\omega) = 1 - \frac{\omega_p^2}{\omega(\omega + i\gamma_0)} \qquad (3.2)$$

Donde ε_D es la función dileéctrica de Drude, ω_p es la frecuencia de plasma del metal, ω es la frecuencia angular procedente de un campo eléctrico oscilante externo y γ_0 es la constante de amortiguamiento. La constante de amortiguamiento surge de la interacción que tiene el electrón con otros electrones y núcleos, lo que permite frenar la rapidez de las oscilaciones. Otra forma equivalente de escribir el modelo de Drude es:

$$\varepsilon_D(\omega) = 1 - \frac{\omega_p^2}{\omega^2 + \gamma_0^2} + i\frac{\omega_p^2 \gamma}{\omega(\omega^2 + \gamma_0^2)} \qquad (3.3)$$

donde se puede separar fácilmente la parte real e imaginaria de la función dieléctrica.

3.5.1. Función dieléctrica empírica vs calculada

El modelo de Drude tiene cierta confiabilidad con sistemas reales dependiendo de la zona de frecuencia y del metal empleado como se muestra en las figuras 3.3 y 3.4. Hay que notar que para lograr un ajuste más real, se suele aplicar una definición de la función dieléctrica tal que

$$\varepsilon_D(\omega) = \varepsilon_\infty - \frac{\omega_p^2}{\omega^2 + i\omega\gamma_0} \qquad (3.4)$$

donde ε_∞ es la contribución electrónica por los iones positivos, o transiciones interbanda, ω_p es la frecuencia de plasma, diferente a la frecuencia de plasma experimental, γ_0 es un término de relajación por colisiones de los electrones con impurezas, con unidades de frecuencia. Estos parámetros se suelen ajustar para acercarse a los valores experimentales de la función dieléctrica, cambiando el valor numérico de la frecuencia de plasma ω_p pero no su significado físico. La plata, además de considerarse de los mejores

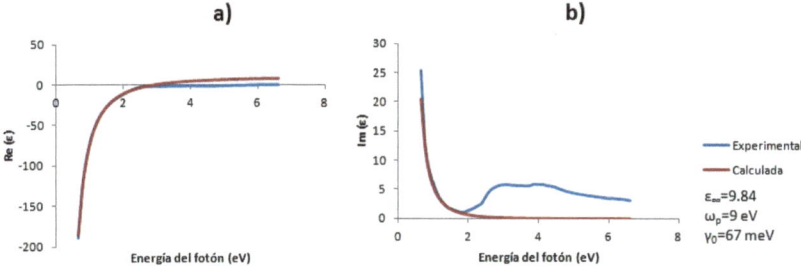

Figura 3.3: a) Parte real de la función de Drude del oro; b) Parte imaginaria. Comparación de datos experimentales de Johnson y Christy [29] contra los calculados con el modelo de Drude con los parámetros indicados en [30], usando la ecuación 3.4.

materiales plasmónicos, tiene un comportamiento bastante parecido al del modelo de Drude tanto en la parte real como en la imaginaria, y provee un rango de estudio teórico más amplio que el oro, incluyendo zonas del visible. Aunque existen formas de modelar las propiedades ópticas de la plata

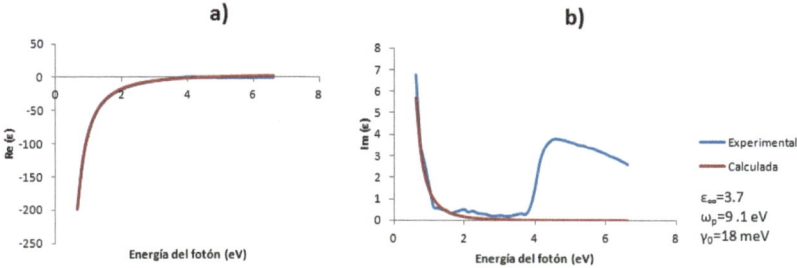

Figura 3.4: a) Parte real e b) imaginaria de la función dieléctrica de la plata de Johnson y Christy [29] comparados con valores calculados con el modelo de Drude con los parámetros indicados en [30], usando la ecuación 3.4.

aplicando otros parámetros de ajuste más complejos, éstos se utilizan para ciertas zonas frecuenciales. Además se coincide en que el modelo de Drude es suficiente para ajustar de manera confiable el comportamiento óptico de la plata siempre que la frecuencia de trabajo sea menor a la frecuencia de plasma [31], ubicada en los 320 nm y que corresponde a 3.875 eV [32]. Esta frecuencia de plasma puede ser visualizada como una depresión en la absorbancia de un espectro UV-Visible.

3.5.2. Modelo simple

Antes de resolver el problema de un cilindro, podemos pensar en la noción intuitiva de un modo para este caso como sigue. El modo $m = 1$ puede describirse como la longitud de onda λ_1 de longitud $2\pi R$ y numero de onda k_1, tal que $2\pi R = 2\pi/k_1$ que significa que R y k_1 tienen magnitudes recíprocas. Para valores grandes de R, la superficie del cilindro se hace plana, haciendo dificil excitar los plasmones con incidencia frontal. El modelo de Drude para metales aporta las características más importantes de la respuesta de gas de electrones bajo un campo electromagnético aplicado. La forma más simple del modelo de Drude para la función dieléctrica en función de la frecuencia compleja ω es:

$$\varepsilon_D(\omega) = 1 - \frac{\omega_p^2}{\omega(\omega + i\gamma)}, \tag{3.5}$$

donde γ es la frecuencia de colisión usualmente establecida en un valor pequeño. Para mayor comodidad, aquí se define $\gamma = \omega_p/100$. Se acepta que el modelo describe la respuesta óptica de la plata en la región infrarroja de las longitudes de onda. Para el rango visible, es necesario incluir los términos de Lorentz y ajustar los parámetros fenomenológicos para ajustarse a los datos experimentales. Incluyendo términos de resonancia lorentzianos adicionales, su uso puede extenderse fácilmente a todo el intervalo de longitud de onda visible, es decir, por debajo de 600 nm, donde las transiciones entre bandas a menudo contribuyen a la función dieléctrica.

Si consideramos una interfaz plana metal/dieléctrico, las condiciones de frontera imponen a su vez la condición de plasmón de superficie para el vector de onda k_{sp} (paralelo a la interfaz), a saber:

$$k_{sp}(\omega) = \frac{\omega}{c}\sqrt{\frac{\varepsilon_1 \varepsilon_2}{\varepsilon_1 + \varepsilon_2}} \tag{3.6}$$

donde ε_1 and ε_2 son las funciones dieléctricas del metal y del aislante. A

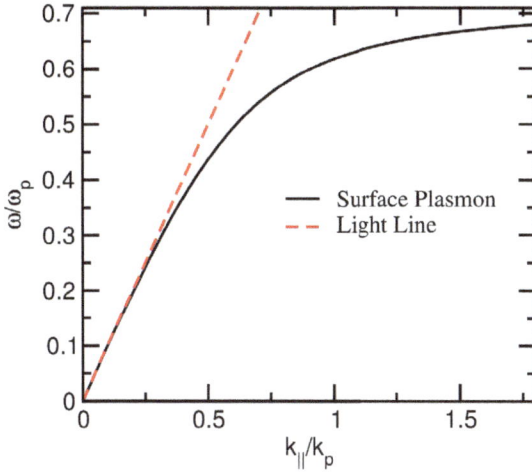

Figura 3.5: (Color online) Relación de dispersión (parte real) para una interfase plana entre un metal y el vacío.

continuación, tenemos para un metal semi-infinito en vacío:

$$k_{sp} = \frac{\omega}{c}\left[\frac{\omega_p^2 - \omega(\omega + i\gamma)}{\omega_p^2 - 2\omega(\omega + i\gamma)}\right]^{1/2} \quad (3.7)$$

De manera similar, podemos encontrar relaciones de dispersión para otras geometrías, donde las condiciones de frontera definen las características de la dispersión de energía.

En la figura 3.5 se muestra la parte real correspondiente al modelo de Drude con los parámetros de la plata. De manera similar, es posible encontrar las relaciones de dispersión para otras geometrías. En cualquier caso, es necesario aplicar condiciones de frontera, las cuales definen las características de la dispersión de la energía.

En la figura 3.6, representamos la dependencia de frecuencia dada por la fórmula $2\pi R$ con λ_0 la longitud de onda en el vacío y $\lambda_{sp} = 2\pi/k_{sp}$ siendo k_{sp} dada por 3.7 (despreciando γ para mayor simplicidad), esto es

$$2\pi R = \lambda_0 \quad (3.8)$$

and

$$2\pi R = \lambda_{sp} \quad (3.9)$$

De manera notable, el introducir la relación de dispersión hace que la curva de la función dada por eq. 3.9 parecerce más a la parte real de la curva correspondiente al modo $m = 1$, sobre todo a frecuencias cercanas a ω_s.

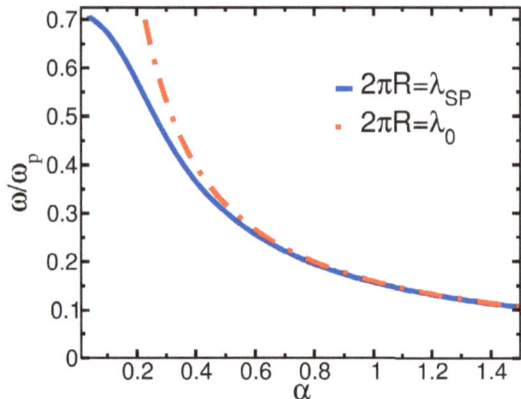

Figura 3.6: (Color online) Comparación de la dependencia radial para modos con $m = 1$ (linea negra) y ondas inscritas en el perímetro cumpliendo las ecuaciones 3.8 y 3.9 (lineas roja y azul respectivamente).

3.5.3. Velocidad de Grupo

Aunque para el caso de modos electromagnéticos de oscilación no se puede definir de forma estricta una velocidad de propagación, debido a que son modos estacionarios, nos podemos referir a la velocidad de grupo de las ondas que viajan de forma perpendicular al eje y por la superficie del cilindro. Para incidencia frotal, el mecanismo puede ser de la siguiente manera: al llegar una onda plana con vector de onda perpendicular al eje z, dos ondas se generan propagandose por direcciones contrarias alrededor del perímetro del cilindro. Al completar medio ciclo, las dos ondas se superponen formando un modo estacionario debido a la interferencia. La velocidad de grupo a la que se hace referencia aquí, es la de estas ondas. La deducción que se realiza, parte de analizar la propagación de ondas en un circulo de radio R. En este caso, los modos estacionarios deben satisfacer la relación $n\lambda = 2\pi R$. Si recordamos que $k = 2\pi/\lambda$, tendremos que $k = 1/R$. Así, podemos expresar la variación de la componente real de ω con respecto al cambio en el radio como:

$$\frac{d\omega_r}{dR} = \frac{d\omega_r}{dk}\frac{dk}{dR} = v_g(-\frac{1}{R^2}) \qquad (3.10)$$

donde se ha usado la regla de la cadena para introducir la dependencia entre R y k y se ha aplicado la definición de velocidad de grupo $v_g = d\omega/dk$. De esta manera, podemos reescribir la velocidad de grupo como:

$$v_g = -R^2 \frac{d\omega_r}{dR} \qquad (3.11)$$

Si usamos el radio reducido α, $\omega = \omega(\alpha)$ y usando de nuevo la regla de la cadena tenemos

$$\frac{v_g}{c} = -\frac{1}{k^2}\frac{d\omega}{d\alpha} = -\alpha^2 \frac{d\omega}{d\alpha} \qquad (3.12)$$

donde c es la rapidez de la luz. En la figura 3.7 mostramos la velocidad de grupo para el primer modo ($m = 1$) la cual se obtiene de $d\omega/d\alpha$ con los datos de la figura 3.6 usando la aproximación de diferencia central para las derivadas. También, la parte imaginaria de ω es graficada para comparación, y es recalcable que ambas curvas comparten características muy similares, sobre todo, el pico que se observa en $\alpha \approx 0{,}3$. Para este valor de α se alcanza una rapidez grande, pero también se observan grandes disipaciones. A medida que α disminuye, v_g también disminuye, alcanzando el valor cero, lo que se interpreta como modos localizados. Para radios grandes, las frecuencias son bajas y las resonancias dejan de ser plasmones de superficie para convertirse en ondas de superficie, de manera que podemos aproximar $\omega = ck = c/\alpha$. Así $d\omega/d\alpha = -1/\alpha^2$ y v_g es cercana a la velocidad de la luz en el vacío. Nos interesa ahora, encontrar una forma de relacionar las partes real e imaginaria de las eigenfrecuencias. Para esto, vamos a recurrir a la definición del factor de calidad Q. Podemos definir Q de esta manera:

$$Q = -\frac{\omega_r}{2\omega_i} \qquad (3.13)$$

donde observamos que se relaciona también la parte imaginaria de ω. Otra definición para Q involucra la velocidad de grupo,

$$Q = -\frac{\omega_r}{L_{oss}} \frac{2\pi R}{v_g} \qquad (3.14)$$

donde L_{oss} es un factor de atenuación del modo. Combinando estas ecuaciones, podemos resolver la forma de w_i:

$$\omega_i = \frac{L_{oss}}{4\pi} R \frac{d\omega_r}{dR} \qquad (3.15)$$

es decir, la parte imaginaria es proporcional a la derivada de la parte real respecto al radio.

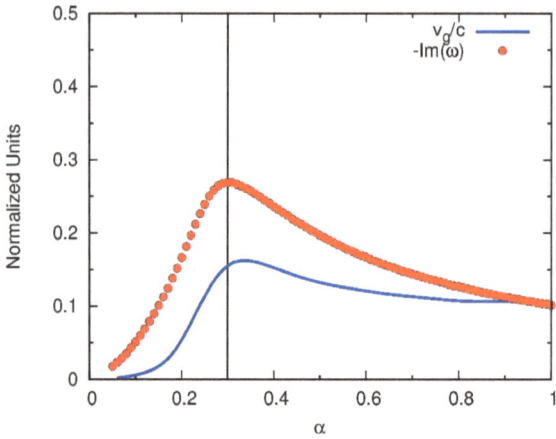

Figura 3.7: (Color online) Velocidad de grupo (linea continua azul) y -Im(ω) (linea roja punteada) para el modo dipolar como función del radio. Las unidades son en fracciones de la velocidad de la luz en el vacío y la frecuencia de plasma respectivamente.

3.6. Modos reales y virtuales de un cilindro

En esta sección, estudiaremos el problema general, en el que se observa propagación a lo largo del eje del cilindro. Se cubrirá la variación de los modos al ir cambiando la componente z del vector de onda. Se encontrarán dos tipos de modos, los llamados modos reales y los virtuales. Los primeros permanecen confinados a la superficie del cilindro, mientras que los segundos presentan propagación afuera del cilindro debido a que son disipativos. El problema que se trata es el de un cilindro metálico rodeado por el vacío. Se aplican las condiciones de frontera para la interfaz usando el modelo de Drude para modelar el medio metálico. Las ecuaciones resultantes se resolvieron usando métodos numéricos para encontrar las eigenfrecuencias complejas, siguiendo la metodología de Pfeiffer [33].

3.7. Modos electromagnéticos de un cilindro metálico

Para el caso de un cilindro metĺaico, las resonancias de plasmon de superficie (aquellas que tienen frecuencias inferiores a ω_s) se caracterizan por un nḿuero de onda k_z a lo largo del cilindro y una segunda componente del vector de onda que es perpendicular al eje del cilindro. Esta componente se define dependiendo de si se esta dentro o fuera del metal. Para la región fuera del cilindro se define:

$$\beta^2 = sign * (\epsilon_0 \omega^2 - k_z^2) \geq 0 \tag{3.16}$$

donde *sing* es -1 para modos a la derecha de la linea de luz (los llamados modos reales) y es +1 para modos que se encuentran a la izquierda de la linea de luz (también llamados modos virtuales). Por otro lado, cuando se evalúa la región al interior del metal, la componente perpendicular se define como:

$$\eta^2 = -(\epsilon_D \omega^2 - k_z^2) \geq 0 \tag{3.17}$$

la cual se define de esta manera para satisfacer la forma propagante o evanescente de los modos desde las paredes del cilindro. Dentro del metal, los campos son evanescentes, mientras que por fuera pueden ser evanescentes o propagantes dependiendo de si son modos reales en el primer caso o virtuales para el segundo. Para resolver el problema electromagnético para cilindros, es claro que debe plantearse en coordenadas cilíndricas (ρ, ϕ, z). Podemos proponer las siguientes expresiones para los campos ya sea en la región del metal o en la región externa siempre que se cumpla la condición $\omega < \omega_p$:

$$\phi(\rho, \phi, z, t)^{in} = A_m I_m(\eta \rho) \exp i(k_z z + m\phi) \exp(-i\omega t) \tag{3.18}$$

o

$$\phi(\rho, \phi, z, t)^{out} = A_m H_m^{(1)}(\beta \rho) \exp i(k_z z + m\phi) \exp(-i\omega t) \tag{3.19}$$

Aquí A_m es la amplitud de los campos, I_m y H_m son las funciones modificadas de Bessel del primer tipo y la función de Hankel del primer tipo de orden m. Aplicando las condiciones de frontera a la ecuación de onda electromagnética obtenemos la ecuación trascendental para los modos reales y virtuales. Esta ecuación se obtiene al igualar a cero el determinante del conjunto de ecuaciones:

$$\left[\frac{\epsilon_D \omega}{\eta} \frac{I_m'(\eta R)}{I_m(\eta R)} + \frac{\epsilon_0 \omega}{\beta} \frac{H_m^{(1)'}(\beta R)}{H_m^{(1)}(\beta R)} \right] \left[\frac{\omega}{\eta} \frac{I_m'(\eta R)}{I_m(\eta R)} + \frac{\omega}{\beta} \frac{H_m^{(1)'}(\beta R)}{H_m^{(1)}(\beta R)} \right]$$
$$= \frac{k_z^2 m^2}{R^2} \left(\frac{1}{\eta^2} + \frac{1}{\beta^2} \right)^2 \tag{3.20}$$

donde la prima en las funciones se refiere a la derivada total respecto al argumento.

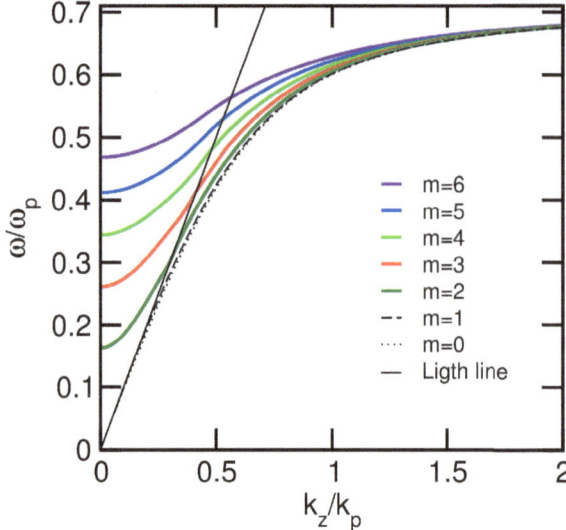

Figura 3.8: (Color online) Modos reales y virtuales de un cilindro de plata de radio 510 nm.

En la figura 3.8 se muestra las relaciones de dispersión para un cilindro de 510 *nm*, en donde se muestran los modos reales y virtuales (derecha/izquierda de la linea de luz). Es posible observar que ambos tipos de modos se unen justo en la linea de luz. En este caso, los modos de orden cero y primer orden, muestran una dependencia lineal, acercandose a la linea de luz. De hecho, para $m = 0$ no existe un modo virtual, ya que el modo solo existe para la condición $\omega \geq ck_z$. Por otro lado, los modos de orden mayor, muestran un comportamiento distinto a este, y en todos los casos es posible obtener el valor de la frecuencia resonante en $k_z = 0$, lo cual corresponde a la propagación en el plano $x - y$ sin una componente z.

Referencias

[1] M Futamata, Y Maruyama, and M Ishikawa. Local Electric Field and Scattering Cross Section of Ag Nanoparticles under Surface Plasmon Resonance by Finite Difference Time Domain Method. *Society*, pages 7607–7617, 2003.

[2] Prathamesh Pavaskar and Stephen B. Cronin. Iterative optimization of plasmon resonant nanostructures. *Applied Physics Letters*, 94(25):253102, 2009.

[3] Jeffrey M. McMahon, Shuzhou Li, Logan K. Ausman, and George C. Schatz. Modeling the Effect of Small Gaps in Surface-Enhanced Raman Spectroscopy. *The Journal of Physical Chemistry C*, 116(2):1627–1637, jan 2012.

[4] Yu-Jung Lu, Jisun Kim, Hung-Ying Chen, Chihhui Wu, Nima Dabidian, Charlotte E Sanders, Chun-Yuan Wang, Ming-Yen Lu, Bo-Hong Li, Xianggang Qiu, Wen-Hao Chang, Lih-Juann Chen, Gennady Shvets, Chih-Kang Shih, and Shangjr Gwo. Plasmonic nanolaser using epitaxially grown silver film. *Science (New York, N.Y.)*, 337(6093):450–3, jul 2012.

[5] G Della Valle and S I Bozhevolnyi. Metal split-cylinder resonators for plasmonic nanosensing. *Journal of Optics*, 13(9):095001, sep 2011.

[6] Xin Guo, Min Qiu, Jiming Bao, Benjamin J Wiley, Qing Yang, Xining Zhang, Yaoguang Ma, Huakang Yu, and Limin Tong. Direct coupling of plasmonic and photonic nanowires for hybrid nanophotonic components and circuits. *Nano letters*, 9(12):4515–9, dec 2009.

[7] Kanglin Wang and Daniel Mittleman. Dispersion of Surface Plasmon Polaritons on Metal Wires in the Terahertz Frequency Range. *Physical Review Letters*, 96(15):1–4, apr 2006.

[8] Keisuke Hasegawa, Jens Nöckel, and Miriam Deutsch. Curvature-induced radiation of surface plasmon polaritons propagating around bends. *Physical Review A*, 75(6):1–9, jun 2007.

[9] Stefan Alexander Maier. *Plasmonics: Fundamentals and Applications*. Springer, 2007.

[10] Ivan P Kaminow. *Handbook of Optical Constants of Solids , Volumes I , II , and 111 SUBJECT INDEX AND Indexed b y FOREWORD TO THE SET*.

[11] Aric Warner Sanders. *Optical Properties of Metallic Nanostructures*. PhD thesis, Yale University, 2007.

[12] Nicolás G. Tognalli. *Nanoestructuras metálicas para espectroscopía SERS de sistemas biomiméticos y de sensado*. PhD thesis, Universidad Nacional de Cuyo, 2008.

[13] Stefan a. Maier and Harry a. Atwater. Plasmonics: Localization and guiding of electromagnetic energy in metal/dielectric structures. *Journal of Applied Physics*, 98(1):011101, 2005.

[14] Mauro Cuevas. *Plasmones y modos electromagnéticos superficiales en metamateriales*. PhD thesis, Universidad de Buenos Aires, 2011.

[15] Sophocles J. Orfanidis. Electromagnetic waves and antennas. Technical report, Rutgers University, 2014.

[16] Anatoly V. Zayats, Igor I. Smolyaninov, and Alexei A. Maradudin. Nano-optics of surface plasmon polaritons. *Physics Reports*, 408:131–314, 2005.

[17] D. B. Pedersen and E. J. S. Duncan. Surface plasmon resonance spectroscopy of gold nanoparticle-coated substrates. Technical Report 109, Defense Research and Development Canada-Suffield, agosto 2005. Use as an Indicator of Exposure to Chemical Warfare Simulants.

[18] Matthew Rycenga, Claire M. Cobley, Jie Zeng, Weiyang Li, Christine H. Moran, Qiang Zhang, Dong Qin, and Younan Xia. Controlling the synthesis and assembly of silver nanostructures for plasmonic applications. *Chemical Review*, 111:3669–3712, 2011.

[19] Woo-Jun Yoon, Kyung-Young Jung, Jiwen Liu, Thirumalai Duraisamy, Rao Revur, Fernando L. Teixeira, Suvankar Sengupta, and Paul R. Berger. Plasmon-enhanced optical absorption and photocurrent in organic bulk heterojunction photovoltaic devices using self-assembled layer of silver nanoparticles. *Solar Energy Materials & Solar Cells*, 94:128–132, 2010.

[20] A. Basch, F. J. Beck, T. Söderström, S. Varlamov, and K. R. Catchpole. Combined plasmonic and dielectric rear reflectors for enhanced photocurrent in solar cells. *Applied Physics Letters*, 243903(100), 2012.

[21] Vasily V. Klimov. *Nanoplasmonics*. CRC Press, 2013.

[22] S. Mokkapati and K. R. Catchpole. Nanophotonic light trapping in solar cells. *Journal of Applied Physics*, 112(101101):101101-1–101101-19, 2012.

[23] Hans-Peter Wagner and Masoud Kaveh-Baghbadorani. Plasmonics: revolutionizing light-based technologies via electron oscillations in metals. The Conversation, Junio 2015. Consultada el 27 de junio de 2015. Disponible en: http://theconversation.com/plasmonics-revolutionizing-light-based-technologies-via-electron-oscillations-in-metals-38697.

[24] Linxing Shi, Zhen Zhou, and Zengguang Huang. The influence of silver core position on enhanced photon absorption of single nanowire α-Si solar cells. *Optics Express*, 21(S6):A1007–A1017, 2013.

[25] A. Derkachova and K. Kolwas. Damping rates of surface plasmons for particles of size from nano- to micrometers; reduction of the non-radiative decay. *Journal of Quantitative Spectroscopy and Radiative Transfer*, 114:45–55, 2013.

[26] José Manuel Nápoles Duarte, Marco Antonio Chávez Rojo, Luz María Rodríguez Valdez, Raúl García Llamas, Jorge Alberto Gaspar Armenta, and María Elena Fuentes Montero. Surface plasmon resonances in drude metal cylinders: radius dependence, and quality factor. *Journal of Optics*, 17(6):065003, 2015.

[27] Henrique E. Toma, Vitor M. Zamarion, Sergio H. Toma, and Koiti Araki. The coordination chemistry at gold nanoparticles. *Journal of the Brazilian Chemical Society*, 21(7):1158–1176, 2010.

[28] Afshin Moradi. Plasmon hybridization in metallic nanotubes. *Journal of Physics and Chemestry of Solids*, 69:2936–2938, 2008.

[29] P. B. Johnson and R. W. Christy. Optical Constants of the Noble Metals. *Phys. Rev. B*, 6:4370–4379, December 1972.

[30] Carsten Sönnichsen. *Plasmons in metal nanostructures*. PhD thesis, Ludwing Maximiliams University of Munich, 2001.

[31] A. O. Melikyan and B. V. Kryzhanovsky. Modeling of the optical properties of silver with use of six fitting parameters. *Optical Memory and Neural Networks (Information Optics)*, 23(1):1–5, 2014.

[32] Mehdi Keshavarz Hedayati, Franz Faupel, and Mady Elbahri. Review of plasmonic nanocomposite metamaterial absorber. *Materials*, 7:1221–1248, 2014.

[33] C. A. Pfeiffer, E. N. Economou, and K. L. Ngai. Surface polaritons in a circularly cylindrical interface: Surface plasmons. *Phys. Rev. B*, 10:3038–3051, Oct 1974.

4. Cálculo de Propiedades de Cristales Ferroeléctricos

Arnold González Vázquez, Luis Fuentes Cobas, José Manuel Nápoles Duarte, María Elena Fuentes Montero

El análisis teórico que se describe en este capítulo está basado en la Teoría del Funcional de la Densidad, empleando los paquetes computacionales *Abinit* y *Quantum Espresso*. Con esta metodología se puede describir correctamente la densidad de estados, y la estructura de bandas de cristales, así como propiedades menos generales tales como la polarización espontánea mediante el formalismo de la fase de Berry.

4.1. Introducción

Un ferroeléctrico es un material aislante que tiene dos o más estados estables con una polarización eléctrica diferente de cero, sin la aplicación de un campo eléctrico externo. Para que el sistema se considere ferroeléctrico debe de ser posible conmutar entre dos de estos posibles estados con un campo eléctrico externo [1]. Para que un material pueda exhibir una polarización espontánea debe existir un arreglo no centro-simétrico de los iones. De esta manera, una estructura ferroeléctrica generalmente puede ser considerada como una derivación de una fase centro-simétrica, por ende, no eléctricamente polar. El ejemplo más representativo de tal arreglo es la estructura perovskita:

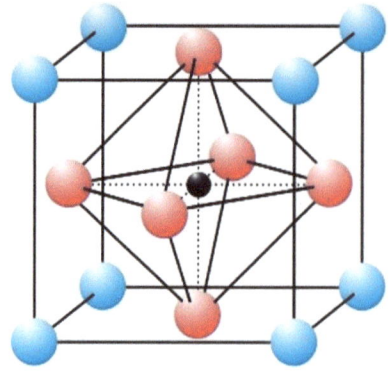

Figura 4.1: Arreglo atómico de una perovskita.

La fórmula general de una perovskita es ABX_3, donde A es el átomo que se encuentra en las esquinas, B se localiza en el centro de la estructura y X en cada cara del arreglo; muy comúnmente el átomo que se encuentra en el centro de la cara es oxígeno. Tomando en cuenta este arreglo, se forma un octaedro alrededor del átomo central. En el caso de la perovskita no centro-simétrica, los cationes A o B se mueven con respecto a los oxígenos, lo que genera una polarización debido al momento de dipolo eléctrico que se crea con este movimiento.

Si los enlaces en una perovskita cúbica fueran puramente iónicos y los radios iónicos estuvieran perfectamente relacionados, esta estructura tendría un empacado ideal, la estructura permanecería centro-simétrica y, por ende, no mostraría signos de ferroelectricidad. En la realidad, las fuerzas de largo alcance favorecen el estado ferroeléctrico, mientras que las repulsiones, de corto alcance, entre las nubes electrónicas de los iones vecinos favorecen el surgimiento de una estructura cubica no polar [2]. Los cambios en los enlaces químicos que permiten estabilizar estructuras distorsionadas son clasificadas como un efecto de Jahn-Teller segundo orden.

4.1.1. Efecto Jahn-Teller

El conocimiento que se tiene de muchas de las propiedades de los sólidos está basado en la premisa de que el movimiento de los electrones que se encuentran orbitando a los iones es independiente del movimiento que puedan presentar los núcleos; esta premisa se conoce como aproximación de Born-Oppenheimer [3]. Esta aproximación equivale a suponer que el movimiento electrónico es demasiado rápido en comparación con el nuclear. Equivalentemente, se puede interpretar como el hecho de que las excitaciones de la red (fonones) son de menor energía que las energías de las excitaciones electrónicas [3].

Si existe una degeneración orbital en los estados electrónicos (solo puede ocurrir en estructuras de alta simetría) entonces la condición anterior no se satisface, es por esto que, a los efectos Jahn-Teller, se les conoce como correcciones a la aproximación de Born-Oppenheimer [4].

El mecanismo básico para que se presente el efecto Jahn-Teller es el hecho de que un desplazamiento de los iones ligados puede cambiar el campo cristalino que actúa sobre el ion Jahn-Teller activo. Si estos iones activos están presentes en la red cristalina en concentraciones suficientemente altas (de alrededor de uno por celda unitaria), todo el cristal puede llegar a ser inestable con respecto a las distorsiones, debido al efecto cooperativo de estas influencias [5]. Estas interacciones traen una serie de transiciones de fase, llevando a un alineamiento paralelo de las distorsiones (conocidas como ferrodistorsiones) o a un arreglo geométrico más complejo (antiferrodistorsión). En el caso de la ferrodistorsión todo el cristal tiene la misma dirección de distorsión que un solo ion tendría, y en el caso más simple sería del tipo positivo o negativo, pudiendo cambiar entre estos dos estados [5].

El efecto Jahn-Teller se clasifica de dos maneras [4]:

- Primer orden: se da debido a estados energéticos degenerados y dan como resultado distorsiones de la estructura muy pequeñas. Es decir, este efecto se debe a que, orbitales moleculares incompletos con la misma simetría, están doble o triplemente degenerados.

- Segundo orden: se da en estados que técnicamente no son degenerados, pero están cerca en energía. Es decir, los orbitales moleculares están llenos, pero la diferencia de energía entre el *HOMO* y *LUMO* es muy pequeña. Dependiendo de la naturaleza de los orbitales esto causará una gran deformación [5].

En síntesis, el efecto Jahn-Teller es una transición de fase la cual tiene como fuerza motriz la interacción entre los estados electrónicos de una de las especies iónicas constituyentes de un sólido y las vibraciones colectivas de la red cristalina (fonones). Esta transición puede ser de primer o segundo orden, en ambos casos involucra una distorsión que disminuye la simetría de la red cristalina y una división de las energías de los estados electrónicos [4].

En todos los materiales ferroeléctricos, la polarización espontánea se debe a las posiciones de los iones en la estructura cristalina. Una polarización espontánea solo se puede presentar en los cristales con un grupo espacial polar [6] producto del efecto Jahn-Teller.

4.2. Marco teórico para la modelación de cristales

4.2.1. Modelos históricos en Química Cuántica

Recapitulando la introducción de este libro, en el año 1926, Schrödinger desarrolló la ecuación que domina la teoría ondulatoria de la mecánica cuántica, siendo cercana a esta fecha la formulación matricial realizada por Heisenberg. Esta última es de mayor complejidad y menos intuitiva, respecto a la formulación con ecuaciones diferenciales [7].

La ecuación de Schrödinger puede ser escrita como:

$$\widehat{H}\Psi = E\Psi \tag{4.1}$$

Donde:

- $\widehat{H}$ es el operador Hamiltoniano, el cual es la suma de los operadores energía cinética y potencial del sistema.
- Ψ representa la función de onda.
- E es la energía del sistema al tener una función de onda definida.

La función de onda, tal como se obtiene de la ecuación anterior, no tiene significado físico. Es el *módulo* de la función la que conlleva un concepto más tangible: ésta nos da el valor de la probabilidad de encontrar al electrón en un lugar dado y en un instante determinado. La anterior definición se extiende naturalmente al concepto de densidad electrónica, la cual nos dice la distribución de carga como función de las coordenadas espaciales y temporal [8].

Existen restricciones para poder obtener una función de onda que sea aceptable para poder predecir situaciones físicas reales [9]:

- La función de onda solo puede tener una correspondencia uno a uno con las coordenadas que la definen.
- No pueden llegar a tener valores infinitos en ninguna región del espacio.
- La función debe ser continua, pero la derivada puede ser continua por partes.

Además de lo anterior debe tener en cuenta la anti simetría de los fermiones y la simetría para el caso de bosones.

La ecuación anterior funciona con un buen grado de exactitud en el caso del átomo de hidrogeno, ya que reproduce los resultados encontrados por Bohr. Usando la versión generalizada de Dirac, también se pueden explicar la mayoría de los resultados obtenidos mediante espectroscopia, pero todo dentro del átomo de Hidrogeno [10]. El problema se resume muy bien con una frase que se le adjudica a Dirac (1920-1984):

"Las leyes fundamentales para el tratamiento matemático de una gran parte de la física y de la Química entera está completamente determinada, la dificultad radica en la aplicación de estas leyes lo que lleva a que las ecuaciones sean demasiado difíciles para resolver".

En este punto de la historia es cuando comienzan a surgir los primeros químicos cuánticos, aquellos que teniendo las bases de la ecuación de Schrödinger intentaron aplicar métodos aproximados a moléculas y sistemas de átomos con más de un solo electrón [11]. Entre los métodos más destacados está el que detallamos a continuación.

4.2.2. DFT

Antes de comenzar directamente a detallar el uso de DFT en cristales, debemos subrayar que, técnicamente, la siguiente ecuación es la que debemos resolver al tomar en cuenta n cuerpos interactuando:

$$H_{tot}\Psi(r_1\sigma_1, r_2\sigma_3, \ldots, r_n\sigma_n) = E\Psi(r_1\sigma_1, r_2\sigma_3, \ldots, r_n\sigma_n) \qquad (4.2)$$

Donde r_i y σ_i se refieren a las coordenadas espaciales y de spin de cada electrón.

Existen múltiples aproximaciones que son necesarias para disminuir su complejidad inherente. Además de la *aproximación de Born-Oppenheimer* [3] vista anteriormente, se deben hacer suposiciones para reducir la complejidad de tan vasto problema, por lo que se hace la suposición de que la función de onda del sistema de muchas partículas se puede expresar como un producto de todos los orbitales de un solo electrón que conforman el sistema usando el formalismo de los determinantes de Slater mencionado en la introducción de este libro:

$$\Psi(r_1\sigma_1, r_2\sigma_3, \ldots, r_n\sigma_n) = \frac{1}{\sqrt{N!}} |\psi_1 \psi_2 \ldots \psi_n| \qquad (4.3)$$

Este modelo tiene mucho significado histórico [9], pero conforme se va requiriendo más exactitud en los cálculos, se va tomando el método de Hartree-Fock como el punto de partida para sistemas más complejos. Esto justifica la existencia de métodos con filosofías diferentes.

El programa *Abinit*, está basado en DFT, por lo que es conveniente saber qué es lo que está formulando y por qué la mayoría del software del estado sólido y de química computacional trabajan con base en este método.

Recordemos que, la Teoría del Funcional de la Densidad muestra que la energía del estado basal del sistema de muchas partículas puede ser expresada como un funcional de la densidad de un cuerpo; la minimización de este funcional permite tener las propiedades del estado basal. El éxito de esta teoría se basa en su formulación rigurosa y en la posibilidad de dar mejores resultados debido a encontrar, con cada vez mayor exactitud, el funcional a ser minimizado [12].

Como ya sabemos, el Teorema de Hohenberg-Kohn conlleva que el conocimiento del potencial en el que se mueven los electrones determine la función de onda y esta a su vez la densidad electrónica; por lo que existe un funcional que relaciona al potencial externo a su densidad y viceversa. De esta manera, el punto fuerte de DFT es la posibilidad de obtener una ecuación de un solo electrón, similar a la de Schrödinger, con un potencial local efectivo para el estudio de la densidad electrónica de un sistema con muchos electrones.

Ahora necesitamos un método para poder hacer cálculos y estimaciones. Para esto es la ecuación de Kohn-Sham (KS) descrita en la introducción, gracias a la cual Kohn ganó el premio nobel de Química en 1998.

El punto clave de la ecuación de KS es la suposición: *para cada densidad electrónica no uniforme del estado basal generado por un sistema de electrones interactuando, existe un sistema de electrones que no interactúan entre sí con la misma densidad no uniforme*. El sistema que no interactúa es llamado sistema de Kohn-Sham. Al cumplirse lo anterior, la densidad del estado base puede descomponerse como la suma de las contribuciones de los N orbitales mono-electrónicos independientes [12].

La base de la teoría de Kohn-Sham es el hecho de poder reducir el problema de múltiples electrones interactuando entre sí a uno donde un potencial externo al de electrones no interactuantes es sustituido por un potencial efectivo local, siempre que ambos casos compartan la misma densidad electrónica.

La interacción entre electrones es la parte que impide que exista una solución exacta para el problema de los múltiples electrones. La estrategia más usada es separar las contribuciones electroestáticas (el término de Hartree) del término de correlación y del de intercambio. En orden de importancia ponderada o de la cantidad de contribución a la energía que cada factor introduce, primero está el término de Hartree, después el de intercambio y por último el de correlación. El término de Hartree es conocido exactamente, debido a ser la energía electroestática clásica; el factor de intercambio también puede ser determinado exactamente, pero por razones de complicaciones computacionales es comúnmente aproximado. Al final la parte del problema de los múltiples electrones que no es posible determinar quedan envueltos en el término de correlación. Este es el término que es objeto de mayor investigación actualmente.

La diferencia más grande entre las ecuaciones de Kohn-Sham y las de Hartree es el potencial efectivo, debido a que este incluye los términos de correlación e intercambio [13]. El costo computacional de realizar un estudio mediante *DFT* es similar al de realizar uno mediante Hartree, pero mucho menor que mediante Hartree-Fock.

4.2.3. Pseudopotenciales

El punto de partida del uso de pseudopotenciales es el hecho de que los estados electrónicos pueden ser divididos en estados de coraza (también llamados core o corión) y estados de valencia. Mientras los primeros casi no se dan cuenta del hecho de que forman un material, los de valencias están afectados enormemente por este hecho. Si se está interesado en las propiedades eléctricas, los estados de valencias son los relevantes. Por esto, dentro de esta teoría, solo los electrones de valencia son manipulados, dejando a los electrones en la coraza y el núcleo como una sola entidad cargada [14].

Naturalmente, las densidades de los electrones *core* están localizados muy cerca del núcleo y la densidad de los de valencia están distribuidas a distancias lejos del núcleo y más cercanos al siguiente átomo, por lo que son los más probables que puedan llegar a formar enlace.

Para los estados de valencia se generan pseudofunciones de onda, los cuales conllevan a adicionar al hamiltoniano un potencial repulsivo. La combinación de este potencial con el original, el cual es atractivo, es lo que se le llama pseudopotencial [13]. Esta es una función que varía suavemente. Al aplicar dicho método las energías de los estados de valencia obtenidas son iguales entre el potencial real y el pseudopotencial. Además de esto, la pseudofunción de onda es equivalente a la real, fuera de un radio conocido como radio de corte r_c. El pseudopotencial construido de esta manera comparte las mismas propiedades de dispersión de aquellos potenciales reales sobre el rango de energías de los estados de valencia. Estos resultados justifican el porqué la estructura electrónica de electrones de valencia fuertemente ligados puede ser descrita empleando un modelo de tipo electrón casi-libre con potenciales débiles [13].

En la práctica una buena elección de r_c producirá un adecuado pseudopotencial, en forma tal que las correcciones entre estados de coraza y valencia pueden ser despreciadas.

4.2.4. Ventajas del DFT

Las razones por las cuales se escoge usar programas de cómputo científico basados en *DFT* son:

- *Transferibilidad*: una ventaja importante de usar técnicas de modelación basadas en *DFT* es el grado de universalidad que presenta esta teoría, lo que se traduce en poder usar la misma técnica para describir múltiples clases de materiales. Esto conlleva un ahorro de tiempo y un mayor grado de practicidad, debido a que no es necesario tener que aprender varios tipos de metodologías dependiendo del tipo de material que se esté estudiando.

- *Simplicidad*: Las ecuaciones de Kohn-Sham son relativamente sencillas, al evocar la forma de la ecuación de Schrödinger de la mecánica cuántica; además de que la estructura y filosofía del *DFT* se basa en pensar en los electrones como partículas independientes tomando en cuenta un potencial efectivo, lo que presenta una ventaja desde el punto de vista de la conceptualización y visualización de las ideas.

- *Confiabilidad*: Las ecuaciones de Kohn-Sham pueden llegar a producir resultados que difieren de los obtenidos experimentalmente por pequeños porcentajes, además de que en algunos casos puede predecir resultados confiables, a pesar de no tener en ese momento el material desarrollado experimentalmente que lo respalde.

Además de los anteriores puntos es necesario aclarar un punto que puede tomarse a la ligera inicialmente. *DFT* no es capaz, actualmente, de predecir todos los fenómenos que se presentan en los sólidos o en las moléculas. Por ejemplo, en los sólidos, *DFT* da un valor del *band gap* que se aleja del valor experimental, en algunos casos inclusive en el orden de los eV. En las moléculas no describe correctamente las fuerzas de van der Waals, múltiples tipos de transiciones electrónicas y sus correspondientes cambios de energía. A pesar de esto, *DFT* se sigue usando normalmente, inclusive para estos fenómenos. Pero no se usa como único método que lleve desde el planteamiento del problema a una comparación directa con el experimento, sino como el primer cálculo que se debe realizar y cuya salida será alimentada a otro método de cálculo más sofisticado y enfocado a la problemática particular del material o fenómeno.

Todo lo anterior lleva como consecuencia hacerse el cuestionamiento: ¿solo hace falta que se desarrollen mejor los algoritmos, que aumente la capacidad computacional y eventualmente será posible describir todos los fenómenos microscópicos a través de un modelo puramente teórico sin la necesidad de introducir valores de referencia experimental?

Conforme aumenta el número de átomos consecuentemente también lo hace el tamaño del espacio configuracional y lo hace de manera exponencial, debido a esto es de esperar que se puedan presentar nuevas estructuras y propiedades que serán muy difíciles de predecir.

4.2.5. Cálculos ab initio

Los principios fundamentales de la teoría de bandas, la cual es uno de los pilares sobre el que sostiene la electrónica moderna, desde hace más de 60 años, han sido esenciales para estudiar la ferroelectricidad (la aparición de un momento de dipolo eléctrico permanente en los materiales). Estos han contribuido a diseñar sus propiedades electromecánicas computacionalmente. Entender este problema ha traído grandes desafíos, desde el punto de vista de la física del estado sólido, la ingeniería y aplicación de los ferroeléctricos a problemas cotidianos [6].

Las razones por las que se usan principios fundamentales son:

- No están restringidos a teorías parametrizadas.
- No deben responder a experimentos no estandarizados.
- Se puede ver claramente el origen del comportamiento observado.
- Los cálculos y métodos pueden ser aplicados a materiales hipotéticos o aun sin sintetizar.

Por "principios fundamentales" se quiere decir que los datos experimentales no se usan para limitar los parámetros; en vez de eso se describen las interacciones de los electrones entre sí y con los núcleos desde propiedades tan universales como la masa de las partículas o su carga.

Así, clásicamente, la densidad de polarización se calcula como el producto de las cargas eléctricas y las distancias que las separan de un origen común, dividido entre el volumen de la celda [15]. Para una molécula es relativamente sencillo determinar el momento de dipolo eléctrico, el inconveniente de usar esta aproximación radica en el hecho de que los sólidos son formados por cristales y estos no pueden ser modelados como una sola molécula [16]. El problema radica en conocer dónde inicia y dónde termina nuestra estructura a modelar. Determinar si la polarización depende de los límites de la estructura o si se debe a la estructura atómica es otra de las grandes cuestiones a resolver.

En la Figura 4.2, la contribución de los cationes a la polarización depende de cómo sea elegida la celda unitaria. Se puede observar que los momentos de dipolo de los rectángulos a la izquierda y derecha tienen momento de dipolo de la misma magnitud, pero en direcciones contrarias. El rectángulo del centro tiene una polarización de cero, ya que es centro-simétrica [15].

57

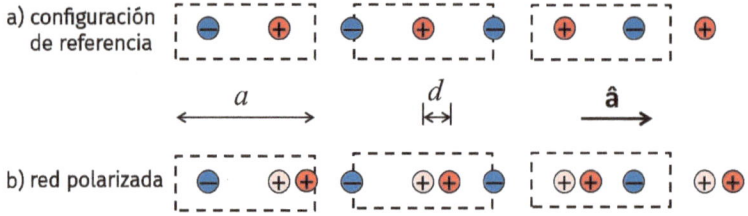

Figura 4.2: a) Cadena unidimensional de aniones y cationes alternantes en una celda de tamaño a, con una distancia $a/2$ entre iones. b) Debido al efecto de un campo eléctrico los cationes se desplazan una distancia d a la derecha.

Una descripción más exacta del fenómeno de la polarización requiere determinar las contribuciones de los electrones de valencia. La naturaleza periódica de los cristales requiere un análisis minucioso. Para demostrar de manera sencilla lo anterior se realiza el siguiente análisis: en cadena de la Figura 2a ocurre un movimiento de uno de los electrones de valencia entre todos los aniones. En ese caso, el anión de la izquierda se vuelve neutral, mientras que el anión más próximo está a una distancia "a" a la derecha mantiene la misma carga que antes del movimiento [16].

Debido a las condiciones de periodicidad lo mismo le ha sucedido a los demás aniones.

El experimento anterior conlleva un cambio en el momento de dipolo de $-e \cdot a$, al pasar a la configuración de la Figura 4.2 b), por lo que tendrá un cambio en la polarización que será de -1 (tomando la carga del electrón como unidad).

Si el experimento se continúa realizando en todas las direcciones, se llega a la conclusión de que existe un cambio en la polarización que depende de la configuración particular y el número de celdas que se consideren. Esto presenta un gran problema que tomó mucho tiempo en poderse resolver. Finalmente se llegó a la conclusión de que se debía trabajar con cambios en la polarización, no valores absolutos de estos. Lo anterior se debe a que la diferencia de polarización es lo que se mide en un experimento [2].

Pero, como también es posible inferir, este cambio sólo puede ser múltiplo de un mínimo de alteración de la polarización (un cierto Δp). A este se le llama *quantum de polarización* [15].

4.2.6. Teoría moderna de la polarización

La teoría sobre la cual están basados los cálculos de propiedades de este capítulo fue desarrollada hace más de 20 años y se conoce como la Teoría Moderna de la Polarización. En esta se define que la polarización es una red (retículo) en lugar de un vector y esta puede ser calculada usando métodos de estructura electrónica como el de *DFT* [17].

Por lo dicho con anterioridad se puede decir que la polarización puede tener muchos valores, pero la diferencia entre una estructura centrosimétrica y una polar tiene un valor único y bien definido; esta corresponde al valor de la polarización espontánea. Para usar esta definición en un cálculo, es ventajoso aprovechar las llamadas funciones de Wannier [18]. Estas generalmente son usadas para definir orbitales atómicos y permiten modelar densidades de carga en forma localizada, en contraparte de su comportamiento disperso.

La forma de las funciones de Wannier se representa en la siguiente ecuación:

$$W_n(r - R) = \frac{\Omega}{(2\pi)^3} \int_0^{BZ} d^3k \, e^{ik \cdot (r-R)} u_{nk}(r) \tag{4.4}$$

Donde Ω representa el volumen de la celda unitaria, $u_{nk}(r)$ es la representación de la periodicidad del cristal y W_n es la función de Wannier en la banda n (la integración se da en toda la zona de Brillouin) [15].

Las funciones de Wannier están localizadas. Es común trabajar con las posiciones promedio de los electrones en ellas y suponer que estos están localizados en ese lugar, a este se le denomina centro de Wannier y se calcula como:

$$r'_n = \int W_n^*(r) \, r \, W_n^*(r) d^3r \tag{4.5}$$

A partir del concepto de centro de Wannier, la expresión de la polarización puede ser escrita como una suma de las contribuciones de las cargas iónicas puntuales además de las cargas electrónicas "localizadas" en los centros de Wannier [15]

$$p = \frac{1}{\Omega} \left(\sum_i (q_i r_i)^{ions} + \sum_n^{occ} (q_n r'_n)^{WFs} \right) \tag{4.6}$$

Como se mencionó, la polarización es una diferencia; este formalismo es conocido como *El método de la fase de Berry*, y mediante el mismo se calcula la polarización en los materiales ferroeléctricos modernos [15].

El método para calcular la fase de Berry implica evaluar la diferencia de polarización entre el estado polarizado y el estado no polarizado:

$$\delta p = p^f - p^0 = \frac{1}{\Omega} \sum_i \left[q_i^f \mathbf{r}_i^f - q_i^0 \mathbf{r}_i^0 \right] - \frac{2ie}{(2\pi)^3} \times$$

$$\sum_n^{occ} \left[\int_{BZ} d^3\mathbf{k} \exp(-i\mathbf{k}\cdot\mathbf{R}) \left\langle u_{n\mathbf{k}}^f \left| \frac{\partial u_{n\mathbf{k}}^f}{\partial \mathbf{k}} \right\rangle - \left\langle u_{n\mathbf{k}}^0 \left| \frac{\partial u_{n\mathbf{k}}^0}{\partial \mathbf{k}} \right\rangle \right] \quad (4.7)$$

Un reto para esta metodología es cómo tratar soluciones sólidas desordenadas, entender la física subyacente a estos materiales, y el porqué de su comportamiento [19].

4.2.7. El concepto de Spin desde el punto de vista cuántico

Para el cálculo de propiedades en cristales no es posible ignorar el papel que puede jugar el spin, tanto en la posición atómica en la estructura de mínima energía como en la magnetización. Por ello, comenzamos nuestra discusión del spin desde lo más básico.

Un electrón que se mueve a través de una órbita circular con radio a en un plano xy, alrededor del eje z con velocidad $\mathbf{v}$ da como resultado un momento de dipolo [20]:

$$\mathbf{m} = \frac{-e}{2m_e} \mathbf{L} \quad (4.8)$$

Donde $\mathbf{L}$ es el momento angular orbital.

Si este es colocado en un campo magnético uniforme $\mathbf{B}$, este adquiere una energía potencial:

$$E_B = -\mathbf{m} \cdot \mathbf{B} \quad (4.9)$$

La energía se ve minimizada cuando el dipolo magnético se alinea de forma paralela al campo.

De los textos clásicos de electricidad y magnetismo se conoce que el campo eléctrico $\mathbf{E}(\mathbf{r}, t)$ y el de inducción magnética $\mathbf{B}(\mathbf{r}, t)$ pueden ser representados en términos de un vector $\mathbf{A}(\mathbf{r}, t)$ y una función escalar $\phi(\mathbf{r}, t)$ de la manera siguiente [21]:

$$\mathbf{B}(\mathbf{r}, t) = \nabla \times \mathbf{A}(\mathbf{r}, t), \qquad \mathbf{E}(\mathbf{r}, t) = -\nabla \phi(\mathbf{r}, t) - \frac{\partial \mathbf{A}(\mathbf{r}, t)}{\partial t}$$

La razón por la cual se realiza el anterior análisis es para llegar a la forma clásica en la que se describe el Hamiltoniano de un electrón en un campo electromagnético:

$$\widehat{H} = \frac{1}{2m_e}(\boldsymbol{p} + e\boldsymbol{A})^2 - e\phi \tag{4.10}$$

donde $\boldsymbol{p}$ corresponde al momento lineal de la partícula (lamentablemente, en la literatura científica se usa la misma letra que para la polarización, estudiada en el apartado anterior).

La aplicación del hamiltoniano en la ecuación de Schrödinger es directa mediante el uso del operador actuando sobre la función de onda [22]:

$$i\hbar\frac{\partial}{\partial t}\psi(\boldsymbol{r},t) = \left[\frac{1}{2m_e}(\boldsymbol{p} + e\boldsymbol{A})^2 - e\phi\right]\psi(\boldsymbol{r},t) \tag{4.11}$$

La ecuación anterior es de suma importancia: es la forma más general de describir el comportamiento de un electrón que se ve afectado por un campo electromagnético, sin embargo, a pesar del significado que conlleva tiene una mayor desventaja: el campo electromagnético generado por el electrón no es invariante con respecto a una transformación de Lorentz del marco de referencia, es decir no es capaz de cumplir con la relatividad espacial formulada por Einstein.

Dirac propuso una ecuación más general de la formulada por Schrödinger la cual tiene dos propiedades importantes:

- La construcción de la ecuación de Dirac está de acuerdo con la teoría de la relatividad.
- Si la velocidad de la partícula es pequeña en comparación a la de la velocidad de la luz, entonces la formulación de Dirac se reduce, casi, a la ecuación 4.11.

$$i\hbar\frac{\partial}{\partial t}\psi(\boldsymbol{r},t) = \left[c\boldsymbol{\alpha}\cdot(\boldsymbol{p} + e\boldsymbol{A})^2 - e\phi + \beta m_e c^2\right]\psi(\boldsymbol{r},t)$$

En esta estructura la función de onda pasa, de ser una sola función, a ser un vector de 4 componentes:

$$\begin{bmatrix} \psi(\boldsymbol{r},t;1) \\ \psi(\boldsymbol{r},t;2) \\ \psi(\boldsymbol{r},t;3) \\ \psi(\boldsymbol{r},t;4) \end{bmatrix}$$

Y es llamado espinor de 4 componentes.

Siguiendo los resultados anteriores y mediante el uso de múltiples suposiciones y simplificaciones, se llega a una ecuación conocida como *ecuación de Pauli*, la cual es invariante ante las transformaciones de Lorentz y de la cual se obtiene un término que se asemeja a los del momento magnético previamente establecido.

Una vez establecido el origen técnico del spin, se puede discutir un método más práctico de poder tratar con materiales que presentan ferro, ferri o antiferromagnetismo.

En los materiales no magnéticos lo más común es tratar la densidad electrónica utilizando sólo la mitad de los electrones que componen al sistema:

$$n(r) = 2 \sum_{i=1}^{N/2} |\psi_i(r)|^2 \qquad (4.12)$$

Donde N representa al número de electrones. En la anterior ecuación se supone que las densidades electrónicas de los spines arriba y abajo son de la misma cantidad [22]:

$$\psi_i^{up}(r) = \psi_i^{down}(r)$$
$$n^{up}(r) = 2 \sum_{i=1}^{N/2} |\psi_i(r)|^2 = n^{down}(r)$$

Si las densidades electrónicas de los spines arriba y abajo no son las mismas, se recurre a:

$$n^{up}(r) = 2 \sum_{i=1}^{N^{up}} |\psi_i^{up}(r)|^2$$
$$n^{down}(r) = 2 \sum_{i=1}^{N^{down}} |\psi_i^{down}(r)|^2$$

Por ende, la densidad total y la magnetización están definidas como:

$$n(r) = n^{up}(r) + n^{down}(r)$$
$$m(r) = n^{up}(r) - n^{down}(r)$$

Las ecuaciones de Kohn-Sham para el caso de los sistemas de polarización de spin se describen de la siguiente manera [22]:

$$\left[\frac{-\hbar^2}{2m} \nabla^2 + V_{ext} + V_H + V_{xc} + B_{xc} \right] \psi_i^{up} = \varepsilon_i^{up} \psi_i^{up}$$
$$\left[\frac{-\hbar^2}{2m} \nabla^2 + V_{ext} + V_H + V_{xc} - B_{xc} \right] \psi_i^{down} = \varepsilon_i^{down} \psi_i^{down}$$

La energía de correlación-intercambio ($E_{xc}[n,m]$), en este caso, depende de la densidad electrónica y de la magnetización :

$$V_{xc}(r) = \frac{\delta E_{xc}[n,m]}{\delta n(r)}, \quad B_{xc}(r) = \frac{\delta E_{xc}[n,m]}{\delta m(r)}$$

El magnetismo surge a partir del funcional de correlación-intercambio, una dirección del spin es más favorable que la otra: a este método se le conoce como *aproximación de la densidad local de spin (LSDA)* (sin importar si se usó *LDA* o *GGA* para determinar la energía de correlación-intercambio).

En el momento de analizar sistemas magnéticos, en el caso de cristales, se comienza con un valor de magnetización diferente de cero para romper la simetría de las densidades de los spines. Este valor con los que se inicia el cálculo de la magnetización debe pasar por un proceso de convergencia, para encontrar el valor que disminuya la energía del estado basal. Además de lo anterior, el sistema se considera como un metal, ya sea que esa sea la naturaleza del sistema o no (se usa un factor de ponderación, peso, que puede cambiar de autofunción a autofunción).

4.3. Aplicaciones al cálculo de propiedades en ferroeléctricos tipo perovskita

Los dispositivos que usan las propiedades dieléctricas y piezoeléctricas de los materiales ferroeléctricos están recibiendo una atención cada vez mayor. Las perovskitas ferroeléctricas están abriendo un nuevo campo de aplicación en los ultrasonidos médicos, en los sonares de exploración marítima, en las nuevas tecnologías de energías renovables [23].

La perovskita conocida como titanato zirconato de plomo ($Pb_xZr_{1-x}TiO_3$) es el material más usado y estudiado como ferroeléctrico en los dispositivos electrónicos modernos, debido a que presentan un coeficiente piezoeléctrico y factor de acoplamiento electromecánico relativamente altos [24]. Sin embargo, la toxicidad del Pb, durante la producción y el uso del $PbTiO_3$ ha contribuido a los problemas ambientales modernos [25]. Por ello, durante la pasada década se ha llevado a cabo un esfuerzo multidisciplinar para encontrar combinaciones de elementos y procedimientos para obtener materiales con alto grado de desempeño y nulo impacto ambiental [26]. Dentro de los varios tipos de perovskitas tipo ABO_3, el $Na_{0.5}Bi_{0.5}TiO_3$ (también conocido como *NBT*) [27], es considerado como un posible remplazo del material de plomo, esto debido a que la configuración electrónica del Bi^{3+} es igual a la del Pb^{2+}, a su gran polarización espontánea y a su alta temperatura de Curie [28]. Esto abre la puerta a la aplicación del *NBT* en áreas de aplicación tales como la spintrónica y el almacenamiento de información.

El *NBT* es un material que, a pesar de haberse descubierto hace más de 50 años, la determinación de su estructura ha eludido a los investigadores. Tradicionalmente se creía que el *NBT* tenía el grupo espacial $R3c$, pero últimamente ha habido grupos de investigadores que han propuesto una estructura monoclínica (Cc) como la correcta. Debido a eso existe una polémica sobre la verdadera configuración espacial de este material [29].

Curiosamente, existen estudios teóricos que indican que posiblemente el *NBT* puede ser un material multiferroico [30]; ya que tiene una polarización eléctrica espontánea, además se espera que con las vacancias de sodio y de titanio se puede generar ferromagnetismo.

Por definición, un material multiferroico es aquel que manifiesta, simultáneamente, comportamientos ferromagnéticos, ferroeléctricos y/o ferroelásticos [31]. Cuando se encuentra que existe un acoplamiento entre el orden magnético y el ferroeléctrico, se dice que se obtiene un efecto *Magnetoeléctrico* en el cual se puede manipular la polarización eléctrica del material a través de un campo magnético externo y viceversa [16].

Por otro lado, también el $BiFeO_3$ es un conocido material ferroeléctrico, cuya temperatura de Curie está cerca de los 1100 K. Su estructura es la de una perovskita altamente distorsionada con simetría romboedral y grupo espacial $R3c$ [32]. Esta simetría da como resultado una polarización espontánea en la dirección [111].

Además de ser ferroeléctrico, la ferrita de Bismuto manifiesta fenómenos magnéticos, en específico antiferromagnéticos, lo que también la coloca en la categoría de materiales multiferroicos. El $BiFeO_3$ es un valioso candidato como material magnetoeléctrico, sin embargo, los mecanismos por los cuales los materiales magnetoeléctricos presentan su polarización no son completamente comprendidos.

A pesar de las características mencionadas con anterioridad, mediciones realizadas en monocristales presentan como resultado un valor relativamente pobre de polarización, del orden de 6 $\mu C/cm^2$, aunque diversos experimentos daban otros valores mayores de polarización [32]. Una posible explicación para este fenómeno sería la mala preparación de la muestra que se estudió, pero este mismo efecto está previsto en la teoría moderna de la polarización [17, 33] que predice que la polarización es una red de valores, en lugar de ser un vector único como se tenía definido.

Debido a que existen múltiples análisis realizados con este material [16], lo más apropiado es usar la metodología propuesta en el $BiFeO_3$ e intentar reproducir resultados ya establecidos, de esta manera probar si es correcta o si es necesario realizar modificaciones.

4.3.1. Procedimiento experimental

- Primeramente, modelar la estructura perteneciente al grupo espacial $R3c$ en su representación hexagonal y trigonal para conocer los parámetros reticulares al hacer un proceso de relajación (se buscará una estructura de mínima energía).

- Calcular cómo se llevan a cabo las transformaciones de fase entre la estructura cubica y tetragonal, las cuales son las fases estables a temperaturas muy altas. Dentro de cada una de estas estructuras, buscar la posición de equilibrio del átomo central.

- Obtener las densidades de estado de las estructuras centro-simétricas y relajadas de ambos materiales para poder determinar los cambios que pudieron llevarse a cabo en los orbitales moleculares de valencia de cada uno de los átomos, conociendo si existió algún proceso de hibridación. Determinar el *band gap* ya que la ferroelectricidad se da en los aislantes.

- El paso final es determinar la polarización de las estructuras anteriores a partir del formalismo de la fase de Berry.

4.3.2. Software y metodología computacional.

En el presente trabajo se usaron 2 programas diferentes encargados de realizar los estudios de convergencia, la optimización de la celda y la polarización eléctrica. Ambos programas emplean como base ondas planas para resolver las ecuaciones de Kohn-Sham. *Abinit* y *Quantum Espresso* pueden describir los mismos fenómenos, pero para *Abinit* existe más soporte por parte de los desarrolladores mediante sus propios tutoriales. Por otro lado, mientras que en el caso de *Quantum Espresso* los tutoriales y foros están hechos por personas externas al grupo de programadores, este último tiene un mayor uso en el campo de la física del estado sólido. Esto quizás se deba a la posibilidad de que la salida del programa sea leído por diversos códigos, así como entrada para ejecuciones más complicadas (por ejemplo para estados electrónicos excitados). Aun así, *Abinit* tiene dentro de sus desarrolladores, investigadores que han realizado múltiples trabajos teóricos sobre estados ferroeléctricos [34]; autores, ajenos a este software, que lo recomiendan como un punto de partida para comenzar a realizar estudios de polarización mediante la fase de Berry [15].

4.3.2.1. $Na_{0.5}Bi_{0.5}TiO_3$

En específico para el NBT, el primer paso fue tomar la literatura existente y reproducir las estructuras con menor energía que se manejaban. Dentro de estas se encuentran tres:

- Celda con los bismutos y sodios en capas alternantes.
- Átomos alternantes de los dos elementos, lo que da una geometría isotrópica (aun así, no totalmente aleatoria, ya que forma capas en los planos (111)).
- Estructura $R3c$ de 10 átomos [35].

Se realizaron los estudios de convergencia sobre la primera propuesta de celda. La manera de llegar a los parámetros optimizados se realizó mediante la secuencia de pasos que se muestra en la Figura 4.3:

Figura 4.3: Diagrama general del proceso de optimización.

La mayoría de los programas computacionales de física del estado sólido están escritos en base a ondas planas. Los programas *Abinit* y *Quantum Espresso* están basados en la metodología descrita en la figura 4.3, donde:

▷ **Ecut**: Es un parámetro que controla el número de ondas planas con las que será necesario tratar el sistema. Mediante un estudio de convergencia de esta bandera obtenemos el mínimo número de ondas planas con las que se puede describir correctamente el sistema.

▷ **Número de puntos k**: El espacio K es el espacio de las funciones de onda. En este es más sencillo su tratamiento y manipulación, también se le conoce como espacio recíproco o espacio de Fourier. El punto de la optimización de los puntos K es discretizar el espacio y conocer el mínimo número de puntos que son capaces de definir correctamente al sistema.

▷ **Optimizar la celda**: Ya una vez realizados los anteriores estudios de convergencia, es posible la relajación del sistema. Esto se lleva a cabo mediante el movimiento de los átomos a través de direcciones específicas. Estos movimientos tienen que respetar las operaciones de simetría impuestas por el grupo puntual.

▷ **Propiedades del sistema**: Una vez que se obtiene la estructura que el programa considera corresponde a la de mínima energía, se comienza a realizar la sección más relevante para el investigador: predecir propiedades que puedan ser medidas y comprobadas en el laboratorio. Existen múltiples propiedades que se pueden conocer. En este capítulo se muestran los resultados para:

1. – *Parámetros reticulares.* Para el sistema trigonal se reportan α y a_0.

2. – *La densidad de estados.* Contiene toda la información de los niveles energéticos que están expresados en el diagrama de bandas, solo que es más sencillo e intuitivo de interpretar. A partir de él es posible determinar las contribuciones a los estados de valencia y conducción de los diferentes elementos. También puede indicar si existe un enlace entre los elementos.

3. – *La polarización espontánea.* Es una de las propiedades que determinan el uso práctico de estos materiales y su estatus como candidato a desplazar a los materiales que contienen plomo en los transductores y demás aplicaciones.

El proceso anterior es descrito de manera muy general. Para comenzar a considerar la mejor manera de abordar el problema de la optimización es necesario determinar el tipo de pseudopotenciales más apropiados para el sistema en cuestión. Para ser usados, éstos se determinan mediante el cálculo de los parámetros de convergencia descritos y comparando las energías de los diferentes pseudopotenciales. Además, es necesario considerar en específico el problema a tratar. Si se desea describir el magnetismo del sistema mediante la inclusión de la relatividad especial, la exactitud con la que se requiere el cálculo, al tomar en cuenta diferentes números de electrones de valencia que pueden participar en el enlace químico es una variable importante.

4.3.2.2. BiFeO$_3$

Para BiFeO$_3$ es necesario abordar el comportamiento antiferromagnético de este material, por lo que es preferible tomar pseudopotenciales que introduzcan términos relativistas en todos los átomos. Por el contrario, para *NBT*, como es conocido que no presenta un comportamiento ferro o antiferromagnético, se usaron pseudopotenciales que no introducen términos relativistas. La razón técnica para esto es el hecho de minimizar los tiempos de cálculo, ya que al introducir los métodos relativistas éstos se incrementan considerablemente.

Es indispensable, para el entendimiento total de estos estudios, conocer dos datos:

- El tipo de psuedopotenciales y el algoritmo o método con el que se resolverá la ecuación de Kohn-Sham en cada punto del espacio K.

- Estudios de convergencia de psuedopotenciales, además del $iscf$ (método utilizado para el cálculo autoconsistente), en la celda cuya descripción se basa en capas alternantes.

4.3.3. Resultados para $Na_{0.5}Bi_{0.5}TiO_3$

Para el NBT, los cálculos se llevaron a cabo utilizando una estructura ya reportada en la literatura [35]. Dicha estructura está formada por 10 átomos en su celda unidad (figura 4.4). Los cálculos fueron realizados utilizando los programas *Abinit* y *Quantum Espresso*. Como criterio de convergencia para este estudio se exigió que la diferencia de energía entre iteraciones consecutivas fuera menor a 0,01 eV.

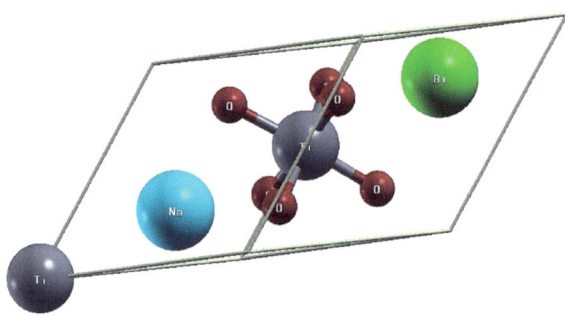

Figura 4.4: Estructura $R3c$ de 10 átomos del NBT.

4.3.3.1. Optimización de la celda

La optimización de la celda en *Quantum Espresso* se puede llevar a cabo de diversas maneras, ya que existen múltiples algoritmos para relajar la estructura.

Como se muestra en la figura 4.5, la optimización se lleva a cabo en dos pasos:

- Se relajan solamente las posiciones de los iones, hasta que la fuerza entre cada uno sea menor que un valor de convergencia.

- Una vez obtenidas las posiciones, se alimenta con este dato el algoritmo encargado de encontrar la mínima energía de la estructura, minimizando la energía al modificar los parámetros reticulares y las posiciones atómicas simultáneamente.

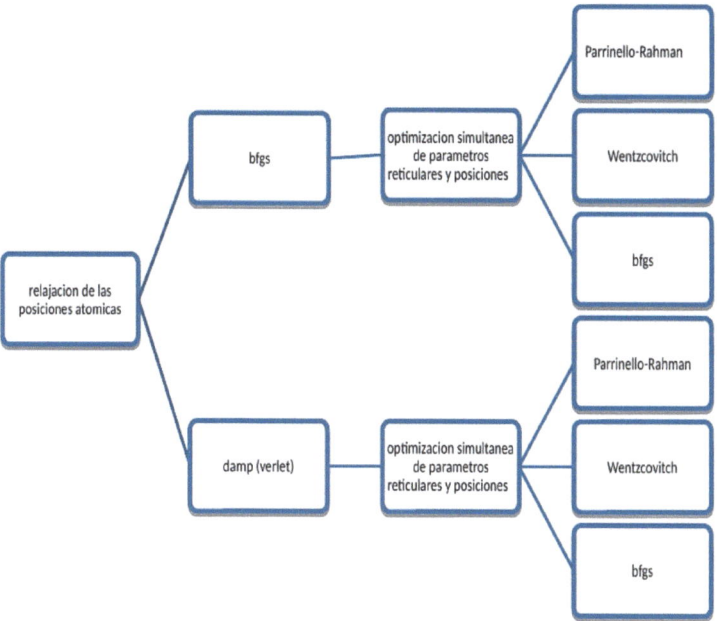

Figura 4.5: Proceso de optimización.

El primer paso se lleva a cabo con el objetivo de llevar a los átomos a posiciones más cercanas al mínimo real de energía. Si se comenzaran a mover simultáneamente desde un principio todas las variables, se puede ocasionar que el algoritmo no sea capaz de localizar el mínimo de energía. En los métodos numéricos el punto de partida es de suma importancia, puede decidir si un algoritmo llega a la convergencia o no.

Después de optimizar mediante las diferentes variantes descritas en la figura 4.5, se eligió el proceso que comienza con una relajación de los iones con el método, *BFGS* y la optimización simultánea usando el mismo método, debido a que alcanza la menor energía.

Una vez obtenida la estructura con los parámetros optimizados, se procede a determinar el valor de la polarización: el valor experimental se encuentra restando la polarización de la estructura relajada de su contraparte centro-simétrica.

4.3.3.2. Parámetros reticulares

En la tabla 4.1 se muestran los parámetros reticulares obtenidos del titanato de sodio bismuto comparando los resultados obtenidos en este trabajo con los resultados teóricos y experimentales consultados en la bibliografía.

Parámetro	Experimental	Trabajo actual	Teórico [35]
α	59.8027	59.1524	59.499
a_0	5.5051	5.5771	5.421

Tabla 4.1: Parámetros reticulares obtenidos para el NBT.

4.3.3.3. Polarización

Para realizar el cálculo de la polarización, es necesario tomar un cierto número de cadenas y un cierto número de puntos k por cadena. Generalmente las cadenas están en las direcciones de los vectores de red. El modo en que se encuentra la polarización es realizando un promedio ponderado de las contribuciones de la fase de Berry en cada punto k, multiplicado por el peso de la contribución de cada uno de ellos.

Para esta propiedad, se hace un estudio de convergencia del número de puntos k por cadena solamente, ya que en *Quantum Espresso* el número de cadenas es un dato que no es posible modificar, tiene un valor de 21 en el software. Los resultados más relevantes para la polarización en ($\mu C/cm^2$) se muestran en la tabla 4.2.

$Na_{0,5}Bi_{0,5}TiO_3$	Relajada	Centro-simétrica	Diferencia
Trabajo actual	47.77	15.55	32.33
Experimental [35]			38.00

Tabla 4.2: Polarización espontánea del NBT: cálculo teórico *vs* medición experimental.

4.3.3.4. Densidad de estados

La densidad de estados del sistema se utilizó para conocer los estados disponibles que aportan los diferentes átomos; además de conocer si es posible la hibridación entre los elementos químicos de la celda. Se muestra una comparación entre la celda centro-simétrica y la relajada para comparar como el Oxígeno y el Titanio tienen un solapamiento importante cuando la estructura está relajada, y sus distintos *band gaps* (figuras 4.6 y 4.7).

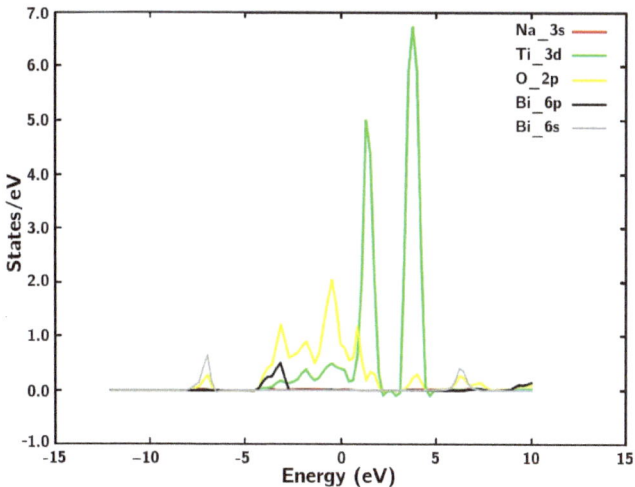

Figura 4.6: DOS de la estructura centro-simétrica del NBT.

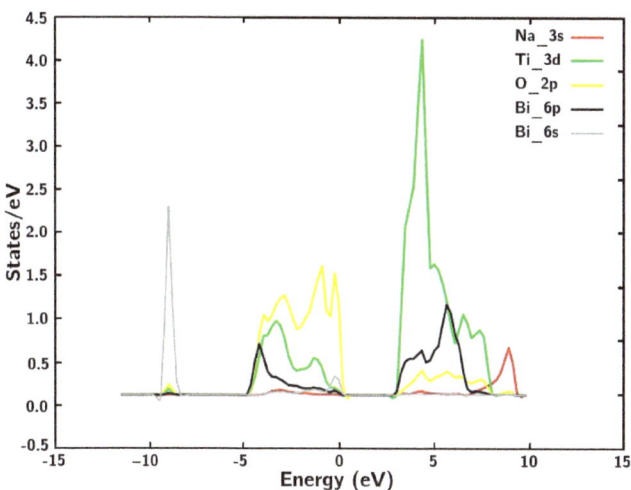

Figura 4.7: DOS de la estructura relajada (no centro-simétrica) del NBT.

4.3.4. Resultados para $BiFeO_3$

4.3.4.1. Estructura y polarización del $BiFeO_3$

A continuación se muestran los resultados para nuestro segundo compuesto.

La ferrita de bismuto presenta una polarización espontánea relativamente grande, y además de esto, es antiferromagnética con resultados bien establecidos de polarización y magnetización [32]. Para esta composición, lo primero que se tiene que realizar es un estudio de convergencia de la polarización del spin entre valores de spin de valencia puramente *up* y *down*. La estructura de mínima energía coincide en el caracter antiferro de la experimental. Una comparación con los parámetros reticulares obtenidos por otros autores se muestra en la tabla 4.3.

Parámetro	Experimental [31]	Trabajo actual	Teórico [32]
α	59.35	60.9247	60.36
a_0	5.63	5.4074	5.46

Tabla 4.3: Parámetros reticulares del $BiFeO_3$.

Para realizar el cálculo de la polarización espontánea, es necesario efectuar una resta entre el valor de la polarización de la estructura relajada y la centro-simétrica. Vale la pena hacer notar que no existe una estructura centro-simétrica del $BiFeO_3$ en la naturaleza, pero se utiliza esta estructura hipotética en los cálculos. Por ello, para poder realizar el método de la fase de Berry, se modificó la estructura centro-simétrica del $BaTiO_3$, el cual es un material ferroeléctrico muy usado y estudiado. La estructura es de tipo cúbica, pero para fines de este estudio se trabajó con la representación de la estructura cúbica en simetría $R3c$, ya que será a partir de esta que se podrán realizar comparaciones con la estructura relajada y realizar distorsiones que nos lleven de una estructura a otra, obteniendo así, la rama de la polarización.

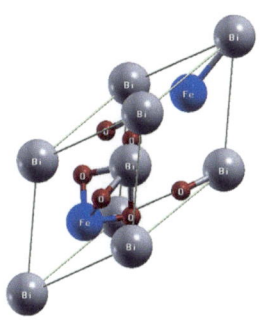

Figura 4.8: Estructura de la celda unitaria de BiFeO$_3$.

El comportamiento magnetoeléctrico observado experimentalmente en el BiFeO$_3$ se confirma usando el estudio de convergencia de la polarización ya que, al no ser tomado en cuenta el antiferromagnetismo mediante la variable del spin, no converge el análisis. Una vez que son introducidos los efectos spin relativistas en el Hierro, la polarización alcanza una estabilización. Los resultados más relevantes de los cálculos de polarización en ($\mu C/cm^2$) se muestran en la tabla 4.4.

BiFeO$_3$	Relajada	Centro-simétrica	Diferencia
Trabajo actual	149.64	50.48	99.16
Teórico [15]	187.80	92.80	95.00
Experimental [4]			100.00

Tabla 4.4: Polarización espontánea del BiFeO$_3$: cálculos teóricos *vs* medición experimental.

De esta manera se llega a la conclusión de que el carácter magnético está ligado al ferroeléctrico. También, aunque no se muestran aquí, como resultado de los calculos de la DOS para este material, se corroboró que el *band gap* de la ferrita de bismuto es de alrededor de 0,3 eV, indicando que la corriente de fuga puede ser muy alta e impedir su uso tecnológico. Este comportamiento coincide con el observado experimentalmente.

Referencias

[1] Ronald E Cohen. Theory of ferroelectrics: a vision for the next decade and beyond. *Journal of Physics and Chemistry of Solids*, 61(2):139–146, 2000.

[2] Karin M Rabe, Charles H Ahn, and Jean-Marc Triscone. *Physics of ferroelectrics: a modern perspective*, volume 105. Springer Science & Business Media, 2007.

[3] Giuseppe Grosso and Giuseppe Pastori Parravicini. Solid state physics. In Giuseppe Grosso and Giuseppe Pastori Parravicini, editors, *Solid State Physics (Second Edition)*, page i–. Academic Press, Amsterdam, second edition edition, 2014.

[4] G A Gehring and K A Gehring. Co-operative jahn-teller effects. *Reports on Progress in Physics*, 38(1):1, 1975.

[5] Ralph G Pearson. Concerning jahn-teller effects. *Proceedings of the National Academy of Sciences*, 72(6):2104–2106, 1975.

[6] M Sepliarsky, RL Migoni, and MG Stachiotti. Ab initio supported model simulations of ferroelectric perovskites. *Computational materials science*, 10(1-4):51–56, 1998.

[7] Linus Pauling and E Bright Wilson. *Introduction to quantum mechanics with applications to chemistry*. Courier Corporation, 2012.

[8] K. Capelle. A bird's-eye view of density-functional theory. *Braz. J. Phys.*, 36(4):1318–1343, 2006.

[9] Ira N Levine, Daryle H Busch, and Harrison Shull. *Quantum chemistry*, volume 6. Pearson Prentice Hall Upper Saddle River, NJ, 2009.

[10] Jean-Louis Basdevant. Lectures on quantum mechanics. *NY: Springer*, 2007.

[11] Attila Szabo and Neil S Ostlund. *Modern quantum chemistry: introduction to advanced electronic structure theory*. Courier Corporation, 2012.

[12] Walter Kohn. Nobel lecture: Electronic structure of matter—wave functions and density functionals. *Reviews of Modern Physics*, 71(5):1253, 1999.

[13] Rickard Armiento. *The many-electron energy in density functional theory: from exchange-correlation functional design to applied electronic structure calculations*. PhD thesis, KTH, 2005.

[14] Wolfram Koch and Max C Holthausen. *A chemist's guide to density functional theory*. John Wiley & Sons, 2015.

[15] Nicola A Spaldin. A beginner's guide to the modern theory of polarization. *Journal of Solid State Chemistry*, 195:2–10, 2012.

[16] LE Fuentes-Cobas, JA Matutes-Aquino, ME Botello-Zubiate, A González-Vázquez, ME Fuentes-Montero, and D Chateigner. Advances in magnetoelectric materials and their application. *Handbook of Magnetic Materials*, 24:237–322, 2015.

[17] David Vanderbilt. First-principles based modelling of ferroelectrics. *Current Opinion in Solid State and Materials Science*, 2(6):701–705, 1997.

[18] Massimiliano Stengel and Nicola A Spaldin. Accurate polarization within a unified wannier function formalism. *Physical Review B*, 73(7):075121, 2006.

[19] Vincent Dorcet and Gilles Trolliard. A transmission electron microscopy study of the a-site disordered perovskite na 0.5 bi 0.5 tio 3. *Acta Materialia*, 56(8):1753–1761, 2008.

[20] E.M. Purcell. *Electricity and Magnetism*. Electricity and Magnetism. Cambridge University Press, 2013.

[21] J.D. Jackson. *Classical electrodynamics*. Wiley, 1975.

[22] Feliciano Giustino. *Materials modelling using density functional theory: properties and predictions*. Oxford University Press, 2014.

[23] Jan Suchanicz. The low-frequency dielectric relaxation na 0.5 bi 0.5 tio 3 ceramics. *Materials Science and Engineering: B*, 55(1):114–118, 1998.

[24] Raffaele Resta. Ab initio simulation of the properties of ferroelectric materials. *Modelling and Simulation in Materials Science and Engineering*, 11(4):R69, 2003.

[25] Klaus Reichmann, Antonio Feteira, and Ming Li. Bismuth sodium titanate based materials for piezoelectric actuators. *Materials*, 8(12):8467–8495, 2015.

[26] Jürgen Rödel, Wook Jo, Klaus TP Seifert, Eva-Maria Anton, Torsten Granzow, and Dragan Damjanovic. Perspective on the development of lead-free piezoceramics. *Journal of the American Ceramic Society*, 92(6):1153–1177, 2009.

[27] Yong Hong Yao, Feng Gao, Rong Zi Hong, Li Hong Cheng, and Chang Sheng Tian. Study on the grain growth mechanism of Na0.5Bi0.5TiO3-based lead-free piezoelectric ceramics. *Yadian Yu Shengguang/Piezoelectrics and Acoustooptics*, 30(4):474–476, 2008.

[28] J Gomah-Pettry. Sodium-bismuth titanate based lead-free ferroelectric materials. *Journal of the European Ceramic Society*, 24(6):1165–1169, 2004.

[29] Badari Narayana Rao, Ranjan Datta, S Selva Chandrashekaran, Dileep K Mishra, Vasant Sathe, Anatoliy Senyshyn, and Rajeev Ranjan. Local structural disorder and its influence on the average global structure and polar properties in na 0.5 bi 0.5 tio 3. *Physical Review B*, 88(22):224103, 2013.

[30] Yongjia Zhang, Jifan Hu, Feng Gao, Hua Liu, and Hongwei Qin. Ab initio calculation for vacancy-induced magnetism in ferroelectric Na0.5Bi0.5TiO3. *Computational and Theoretical Chemistry*, 967(2-3):284–288, aug 2011.

[31] Ning Gao, Chuye Quan, Yuhui Ma, Yumin Han, Zhenli Wu, Weiwei Mao, Jian Zhang, Jianping Yang, Xingáo Li, and Wei Huang. Experimental and first principles investigation of the multiferroics BiFeO3 and Bi0.9Ca0.1FeO3: Structure, electronic, optical and magnetic properties. *Physica B: Condensed Matter*, 481:45–52, 2016.

[32] J. B. Neaton, C. Ederer, U. V. Waghmare, N. A. Spaldin, and K. M. Rabe. First-principles study of spontaneous polarization in multiferroic BiFeO 3. *Physical Review B - Condensed Matter and Materials Physics*, 71(1):1–8, 2005.

[33] Raffaele Resta. Ab initio simulation of the properties of ferroelectric materials. *Modelling and Simulation in Materials Science and Engineering*, 11(03):R69–R96, 2003.

[34] Philippe Ghosez and Javier Junquera. Chapter 134 First-principles modeling of ferroelectric oxide nanostructures. *Handbook of Theoretical and Computational Nanotechnology*, page 149, 2006.

[35] Manish K. Niranjan, T. Karthik, Saket Asthana, Jaysree Pan, and Umesh V. Waghmare. Theoretical and experimental investigation of Raman modes, ferroelectric and dielectric properties of relaxor Na0.5Bi0.5TiO3. *Journal of Applied Physics*, 113(19):194106, 2013.

5. Análisis de Reactividad Química Teórica en Moléculas Orgánicas. Teoría y Aplicaciones

Johan Mendoza Chacón, Erika Salas Muñoz, Luz María Rodríguez Valdez

Cuando una molécula o un conjunto de sistemas moleculares reaccionan con otros sistemas se produce un cambio o reorganización de enlaces, es decir, mientras unos enlaces se rompen otros se crean. La forma en que dichos enlaces se reorganizan es uno de los temas de mayor interés y aplicación desde el punto de vista químico.

Para el estudio de la reactividad química se han empleado una gran variedad de conceptos tales como: electronegatividad, principio de ácidos y bases duras y blandas en relación a los ácidos y bases de Lewis, etc. Pero desde el punto de vista teórico o químico-cuántico, la descripción de los procesos químicos puede ser abordado a partir de la aproximación de la función de onda y orbitales moleculares, principalmente aquellos conocidos como orbitales moleculares frontera. Estos orbitales pueden ser utilizados para describir cualquier tipo de reacciones químicas. Además, parámetros como potencial químico (μ), potencial de ionización (I), afinidad electrónica (A), blandura (S) y dureza (η), en función de la energía electrónica total de moléculas neutras y cargadas, pueden ser valores de gran ayuda en un análisis de reactividad.

En publicaciones recientes se ha demostrado que la *Teoría de Funcionales de la Densidad* (*DFT* por sus siglas en inglés), procedimiento variacional en la resolución de la ecuación de Schrödinger, describe la reactividad teórica de modelos orgánicos con muy buena aproximación. Además, todos los conceptos que surgen de *DFT* para reactividad, se encuentran en términos de la derivada de la densidad electrónica, con respecto al número de electrones y al potencial externo, cantidades de gran significado químico.

En este capítulo se presenta en una forma simple y sencilla la teoría básica de reactividad química a partir de la *DFT*, así como aplicaciones prácticas de esta teoría en el análisis y cálculo de parámetros de reactividad en moléculas orgánicas de interés en la industria de los alimentos.

5.1. Conceptos básicos

5.1.1. Potencial químico (μ) y Electronegatividad (χ)

El potencial químico es conocido como μ y puede ser descrito como la derivada parcial de la energía de un sistema con respecto al número de electrones N, manteniendo un potencial externo fijo $v(r)$:

$$\mu = \left(\frac{\partial E}{\partial N}\right)_{v(r)} \tag{5.1}$$

La cantidad μ mide la tendencia del flujo de los electrones de un sistema, los cuales fluyen de regiones con altos valores de μ hacia regiones con bajos valores, hasta el punto en el cual estos valores de μ llegan a ser iguales. El potencial químico *DFT* (μ) es equivalente al negativo de la electronegatividad [1] χ a través de la siguiente relación:

$$\mu = -\chi = -\left(\frac{\partial E}{\partial N}\right) \tag{5.2}$$

Otra forma de definir la electronegatividad (χ) es a través de la definición de Mulliken [2]:

$$\chi \approx \frac{1}{2}(I + A) \tag{5.3}$$

donde I es el potencial de ionización y A es la afinidad electrónica de un sistema.

La electronegatividad puede ser también computada dentro de una aproximación de diferencias finitas [3, 4, 5] en la cual la χ es calculada como el promedio de las derivadas:

$$\chi^- = E(N = N_0 - 1) - E(N = N_0) = I \qquad (5.4)$$

$$\chi^+ = E(N = N_0) - E(N = N_0 + 1) = A \qquad (5.5)$$

$$\chi = \frac{1}{2}(\chi^+ + \chi^-) = \frac{1}{2}(I + A) \qquad (5.6)$$

Esta técnica es equivalente a usar la fórmula de Mulliken (Ec. 5.3) y ha sido aplicada para estudiar la electronegatividad de átomos y moléculas. Como una aproximación a la ecuación 5.6, la energía de ionización (I) y la afinidad electrónica (A) pueden ser reemplazadas por las energías de los orbitales moleculares frontera $HOMO$ (último orbital molecular ocupado) y $LUMO$ (primer orbital virtual o desocupado) respectivamente, usando el Teorema de Koopmans [6] (y dentro de un esquema Hartree-Fock), que conduce a:

$$\chi = \frac{1}{2}(E_{HOMO} + E_{LUMO}) \qquad (5.7)$$

donde según el Teorema de Koopmans

$$I = -E_{HOMO}$$
$$A = -E_{LUMO}$$

5.1.2. Dureza (η) y Blandura (S) Globales

Los conceptos de dureza (η) y blandura (S) químicas, fueron introducidos por Pearson en conexión con los estudios generalizados de reacciones de ácidos y bases de Lewis. Parr y Pearson [7, 8] identificaron la dureza, η, como la segunda derivada de la energía con respecto al número de electrones N manteniendo un potencial externo fijo:

$$\eta = \frac{1}{2}\left(\frac{\partial^2 E}{\partial N^2}\right)_v = \frac{1}{2}\left(\frac{\partial \mu}{\partial N}\right)_v \qquad (5.8)$$

de la ecuación 5.8 puede deducirse que la dureza es la resistencia del potencial químico a los cambios en el número de electrones. Es importante mencionar que en literatura reciente [9] la ecuación 5.8 aparece sin el 1/2 de la segunda derivada de la energía, sin embargo, ambas fórmulas pueden emplearse para analizar la reactividad química intermolecular con la misma tendencia. Además, la dureza puede ser definida en términos de la energía de ionización (I) y la afinidad electrónica (A) a través de la siguiente ecuación:

$$\eta \approx \frac{1}{2}(I - A) \tag{5.9}$$

La ecuación 5.9 puede ser igualmente escrita involucrando a los orbitales *HOMO* y *LUMO* como se indica a continuación:

$$\eta = \frac{1}{2}(E_{LUMO} - E_{HOMO}) \tag{5.10}$$

Existe otra propiedad relacionada a la dureza global conocida como blandura global (S), la cual fue introducida como el recíproco de la dureza:

$$S = \frac{1}{2\eta} = \left(\frac{\partial N}{\partial \mu}\right)_{v(r)} \tag{5.11}$$

El concepto de dureza química es asociado con la polarizabilidad. Entre más grande sea el sistema químico, más blando o suave será [10].

Todos estos parámetros: potencial químico (μ), electronegatividad (χ), dureza (η) y blandura (S) pueden ser empleados para analizar la reactividad global intermolecular de un sistema, pero es importante estudiar con más detalle la reactividad intramolecular de este mismo, para ello se recomienda analizar lo que se conoce comúnmente como reactividad química local.

5.1.3. Descriptores de Reactividad Local

Se puede obtener información sobre la reactividad general mediante un conocimiento de los parámetros globales tales como electronegatividad y dureza, pero la reactividad de un sitio en particular en especies moleculares debe ser explicado a través de parámetros locales como: densidad electrónica ($\rho(r)$), funciones de Fukui ($f(r)$), blandura local o dureza local. La dependencia de estas cantidades locales sobre las coordenadas de reacción refleja la utilidad de estos parámetros locales en la predicción de los sitios selectivos de una reacción química [10].

5.1.3.1. Índices de Fukui

Los índices de Fukui miden la sensibilidad del potencial químico de un sistema a una perturbación externa en un sitio en particular y es definida como [11, 12] la primera derivada de la densidad electrónica $\rho(r)$ con respecto al número de electrones N manteniendo un potencial externo constante $v(r)$

$$f(r) = \left(\frac{\partial \rho(r)}{\partial N}\right)_{v(r)} = \left(\frac{\delta \mu}{\delta v(r)}\right)_N \quad (5.12)$$

Ésta ecuación indica que la función de Fukui es una cantidad que involucra la densidad electrónica de un átomo o molécula en la región de valencia, y como el potencial químico se ve perturbado por cambios en el potencial externo. Como se puede observar, estas cantidades arrojan información importante para la descripción de cualquier evento químico o reacción.

$$f^0(r) = \frac{\rho_{N+1}(r) - \rho_{N-1}(r)}{2} \quad (5.13)$$

donde ρ_{N+1}, ρ_N y ρ_{N-1} son las densidades electrónicas de las especies en su forma aniónica, neutra y catiónica respectivamente.

La $f^+(r)$, mide los cambios de la densidad electrónica cuando la molécula gana electrones y ésta corresponde a la reactividad con respecto al ataque nucleofílico. Por otro lado, la $f^-(r)$ indica las zonas reactivas donde se presenta un ataque electrofílico o evalúa los cambios en la densidad cuando la molécula pierde electrones.

Para simplificar las funciones de Fukui, se condensan sus valores en cada uno de los átomos de la molécula, esto se conoce como función de Fukui condensada [13], para esto se emplea el uso de un análisis de población en particular, que ayuda a determinar el número de electrones asociado a cada átomo. Las funciones de Fukui pueden ser condensadas considerando una aproximación de diferencias finitas:

$$f_k^0(r) = \frac{q_k(N+1) - q_k(N-1)}{2} \quad (5.14)$$

Estas cantidades pueden ser empleadas para determinar valores de reactividad química locales, tales como: la blandura y dureza, electrofilicidad y nucleofiicidad.

5.2. Aplicaciones prácticas

El uso de colorantes sintéticos en la industria farmacéutica, cosmética y de los alimentos, ha causado preocupación en los últimos años, ya que se ha demostrado que colorantes como *rojo No.* 2 y *No.* 40 utilizados ampliamente en las industrias antes mencionadas, presentan actividad toxicológica en células vivas. Una solución a la problemática de toxicidad en dichos colorantes, podría ser la sustitución de estos compuestos por pigmentos orgánicos de fácil manejo y disponibilidad y que por su origen, no estén prohibidos en ninguna parte del mundo. Una alternativa viable es el empleo de los pigmentos de origen natural conocidos como antocianinas que además de impartir diversos colores en algunas flores, frutos y hojas, tienen propiedades antioxidantes y antitumorales, así como otras funciones beneficas para la salud.

Las antocianinas son glucósidos de antocianidinas y están constituidas por un azúcar unido a la aglicona, raramente se encuentran de manera libre en los alimentos, excepto como componentes traza de las reacciones de degradación, se sabe además que la estructura molecular del azúcar le confiere una gran solubilidad y estabilidad a la molécula [14]. Estos compuestos difieren en el número de grupos hidroxilo y/o metoxilo presentes, y en los números y sitios de unión de los azúcares a la molécula. Actualmente se conocen cerca de 20 antocianidinas, dentro de las más importantes se encuentran la Pelargonidina, Delfinidina, Cianidina, Petunidina, Peonidina y Malvidina. La combinación de estas antocianidinas con los diferentes azúcares dan origen a aproximadamente 150 antocianinas [15]. Uno de los principales problemas en el uso de estos compuestos es su alta inestabilidad y la pérdida de las propiedades colorimétricas y funcionales provocadas por ciertos factores tales como: cambios en el pH, concentración, presencia de oxígeno, solventes, iones metálicos y grupos funcionales unidos a la estructura central.

Mediante estudios computacionales es posible analizar las interacciones intramoleculares y el efecto de los grupos funcionales en las propiedades de interés de dichos compuestos, por lo que tales estudios se convierten en una importante herramienta que junto con resultados experimentales, pueden describir a detalle la relación de dichas interacciones con la estabilidad y la conservación de sus propiedades moleculares. Además, mediante cálculos químico-cuánticos se pueden reproducir teóricamente algunas de las técnicas mas importantes en la identificación de este tipo de compuestos, así como comprender a qué se deben las variaciones de color y los cambios en la estabilidad de las antocianidinas y sus derivados.

En este capítulo se presenta una aplicación práctica de cálculos químicocuánticos para el análisis de la estructura molecular y reactividad química teórica, así como su relación con los grupos funcionales presentes en la estructura de las antocianinas presentes en *Hibiscus sabdariffa* y de sus antocianidinas.

Los sistemas sometidos al análisis teórico son las antocianidinas: Cianidina (Cy) y Delfinidina (Dp), y los compuestos derivados: Cianidina 3-O-glucósido (Cy-$3G$), Delfinidina 3-O-glucósido (Dp-$3G$), Cianidina 3-O-sambubiósido (Cy-$3S$) y Delfinidina 3-O-sambubiósido (Dp-$3S$), cuyas estructuras se presentan en la Figura 5.1.

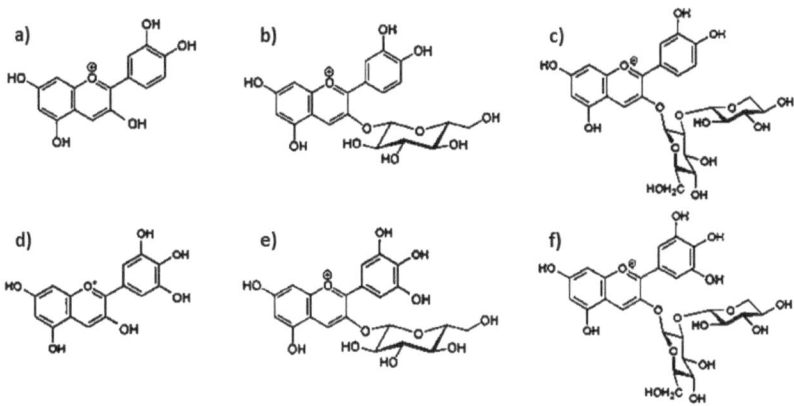

Figura 5.1: Estructuras de antocianidinas y antocianinas sometidas a análisis teórico. a) Cy, b) Cy-3G, c) Cy-3S, d) Dp, e) Dp-3G y f) Dp-3S.

5.2.1. Análisis de estructura molecular

El cálculo de optimización de la geometría molecular se aplica para obtener una aproximación al mínimo global energético, es decir, las condiciones geométricas en las cuales la molécula es más estable, éste es quizá el paso más importante durante el modelado molecular, ya que de dicho cálculo parte la determinación de la gran mayoría de las propiedades moleculares de interés. Comúnmente un cálculo de frecuencias va precedido de un cálculo de optimización de geometría, esto con el fin de establecer como un mínimo real la estructura optimizada y que no caiga en un punto de silla sobre la superficie de energía potencial (SEP), esto se logra teniendo un valor de frecuencias imaginarias igual a cero. Las frecuencias moleculares se obtienen calculando la segunda derivada de la energía con respecto a las coordenadas nucleares y después son transformadas a coordenadas de masa ponderadas. Además de asegurar una buena optimización, los cálculos de frecuencia pueden ofrecer algunas propiedades termodinámicas y la posibilidad de obtener los espectros vibracionales Raman e infrarrojo de algún compuesto.

La optimización de la geometría es sin duda, el parámetro más importante durante la simulación computacional a nivel molecular, ya que a partir de la molécula más estable (correctamente optimizada), se logran mejorar los cálculos posteriores, los cuales se trabajan sobre una estructura fija, donde los átomos y enlaces se encuentran bien definidos sobre una matriz xyz. Uno de los puntos clave en este tipo de estudios teóricos, es la correcta selección de una metodología apropiada para analizar los parámetros estructurales, ya que la correcta descripción del sistema a través de cálculos químico-cuánticos, conducirá a una correcta predicción de las propiedades, obteniéndose una correlación aceptable con valores experimentales, lo que es conocido como validación de las metodologías teóricas aplicadas. En este análisis fue seleccionado el método de estructura electrónica DFT para llevar a cabo cálculos químico-cuánticos de las propiedades estructurales y vibracionales.

Para la aplicación de la DFT se seleccionaron cuatro funcionales: el funcional híbrido de tres parámetros de intercambio de Becke con el funcional de correlación de Lee, Yang, y Parr: $B3LYP$ [16], el funcional híbrido que mezcla las energías de intercambio de Perdew-Burke-Ernzenof (PBE) y HF en un conjunto de 3 a 1, junto con toda la energía de correlación PBE: $PBE1PBE$ [17], el funcional híbrido con variación a $B3LYP$ que incluye el funcional de correlación de Perdew-Wang 91: $B3PW91$ [18] y un funcional híbrido meta GGA $M06$-$2X$ [19], con un porcentaje de intercambio HF de 54 %. Todos los funcionales mencionados fueron usado en combinación con el conjunto de bases gaussianas tipo Pople 6-31$G(d)$ [20] ya que en trabajos reportados en los últimos años [21, 22, 23] dicho conjunto ofrece resultados aceptables en tiempos de cómputo relativamente cortos, tomando como referencia sistemas similares en tamaño y tipo de átomos en la estructura. Todos los cálculos teóricos fueron desarrollados empleando el programa químico-cuántico $Gaussian$ 09 [24] y su interfaz gráfica $Gaussview$ 05. Una vez efectuado el cálculo de optimización de geometría para la molécula de Cianidina (Ver Figura 5.2), se llevó a cabo una comparación de los resultados teóricos con datos experimentales obtenidos por cristalografía de rayos X de monohidrato de bromuro de cianidina [25], dicha comparación es efectuada como una validación de las diferentes metodologías empleadas en el estudio.

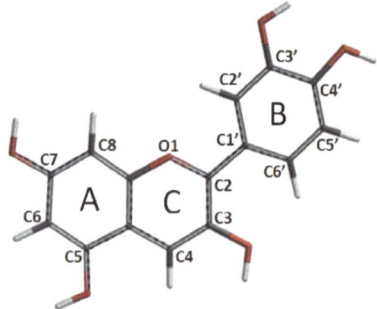

Figura 5.2: Estructura molecular optimizada de Cianidina obtenida con DFT:$B3LYP$/6-31$G(d)$.

Como se puede observar en las Tablas 5.1 y 5.2, la comparación de resultados teóricos con resultados experimentales, resulta ser de gran ayuda en la selección de aquella metodología teórica que describa con mayor precisión las geometrías reportadas por cristalografía de rayos X. A partir de un análisis de validación, el método seleccionado puede generar geometrías confiables para compuestos derivados tanto de Cianidina como Delfinidina.

Propiedad	Exp.	B3LYP/ 6-31G(d)	B3PW91/ 6-31G(d)	PBE1PBE/ 6-31G(d)	M06-2/ 6-31G(d)
$d(C2-C1')$	1.453	1.447	1.444	1.443	1.443
$d(C4a-C5)$	1.432	1.432	1.429	1.427	1.427
$d(C1'-C2')$	1.409	1.419	1.416	1.414	1.415
$d(C6-C7)$	1.413	1.414	1.412	1.41	1.415
$d(C2-C3)$	1.396	1.412	1.411	1.408	1.417
$d(C3'-C4')$	1.4	1.416	1.414	1.412	1.413
$d(C4-C4a)$	1.382	1.4	1.398	1.396	1.402
$d(C6'-C1')$	1.404	1.414	1.411	1.409	1.409
$d(C4a-C8a)$	1.408	1.414	1.411	1.409	1.404
$d(C7-C8)$	1.387	1.4	1.398	1.396	1.392
$d(C4'-C5')$	1.378	1.394	1.393	1.391	1.39
$d(C8-C8a)$	1.376	1.385	1.384	1.382	1.386
$d(C5'-C6')$	1.383	1.388	1.386	1.385	1.386
$d(C3-C4)$	1.38	1.39	1.388	1.386	1.38
$d(C2'-C3')$	1.371	1.381	1.379	1.377	1.375
$d(C5-C6)$	1.366	1.379	1.378	1.376	1.372
$d(C8a-O1)$	1.361	1.358	1.352	1.349	1.349
$d(O1-C2)$	1.349	1.353	1.347	1.343	1.335
$t(O1-C2-C1'-C2-)$	5.9	-0.001	0.001	0.012	0.015
d = distancia de enlace (Angstroms), t = ángulo de torsión (grados).					

Tabla 5.1: Comparación de datos estructurales de Cianidina (Cy) obtenidos por diferentes funcionales DFT y datos experimentales [25].

	B3LYP	B3PW91	PBE1PBE	M06-2X
Desviación media	0.0092	0.0083	0.0076	0.0084
Porcentaje	0.6627	0.6028	0.5469	0.6068

Tabla 5.2: Comparación de las desviaciones medias absolutas de la Cianidina, calculadas con diversos funcionales DFT y utilizando el conjunto de bases 6-31$G(d)$.

La estructura de la Cianidina no presenta variaciones importantes al emplear cada uno de los cuatro funcionales DFT propuestos, las diferencias se basan principalmente en las longitudes de los enlaces, las cuales siguen una tendencia $B3LYP > B3PW91 > PBE1PBE$, por lo que las estructuras optimizadas con el funcional $B3LYP$ son de un tamaño ligeramente mayor. En el caso de las estructuras optimizadas con el funcional $M06$-$2X$ no se sigue el mismo patrón, en este caso se presentan diferencias más marcadas.

La Tabla 5.2 muestra las desviaciones que presentan los datos teóricos con los experimentales, como se puede observar, el funcional $PBE1PBE$ es el que mejor se aproxima a los datos experimentales, ya que la desviación media y el porcentaje de error son los menores. Una vez que se tienen estos resultados se puede decir que la metodología que más se ajusta a la estructura experimental de Cy, es la metodología DFT:$PBE1PBE$/6-31$G(d)$, y se esperarían resultados similares para la Delfinidina y demás derivados. La Figura 5.3 muestra las estructuras optimizadas para cada una de las moléculas empleando algunas de las metodologías teóricas propuestas.

Una vez que se han seleccionado las metodologías teóricas más adecuadas para los cálculos de optimización de geometrías, se procede con el cálculo de frecuencias a los mismos niveles de teoría, esto con la finalidad de asegurar que las geometrías se encuentran en los mínimos globales de la Superficie de Energía Potencial (SEP). La selección de una metodología en el proceso de validación, asegura que las geometrías de los derivados serán correctamente descritas en comparación con resultados experimentales.

5.2.2. Análisis de reactividad química teórica.

5.2.2.1. Reactividad química global

Desde el punto de vista químico, es de gran importancia el conocimiento de los patrones de reactividad en moléculas de interés. Los parámetros de reactividad química global y local, son exitosamente empleados para analizar y describir el índice de reactividad en moléculas, donde la idea principal es entender la respuesta y comportamiento de un sistema al aproximarse a otro, o bien, encontrar la capacidad de los átomos de dicha molécula para donar o aceptar electrones con alguna otra o dentro del mismo sistema.

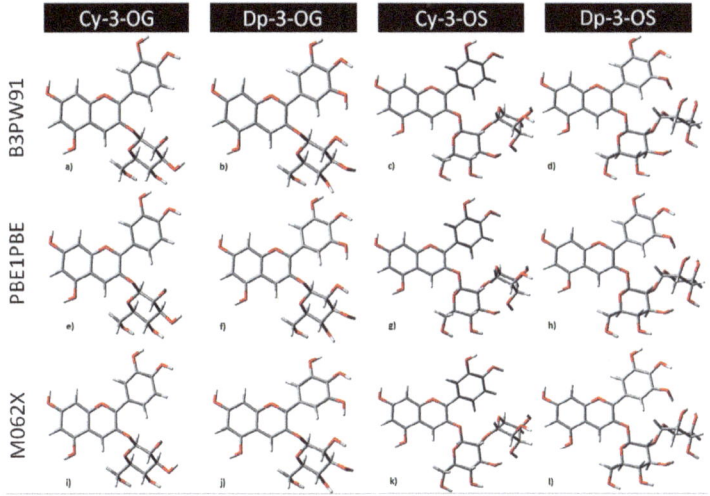

Figura 5.3: Estructuras optimizadas de 3-O-glucósidos y 3-O-sambubiósidos de Cianidina y Delfinidina optimizados con diferentes funcionales DFT y el conjunto de base 6-31$G(d)$.

Una vez que se comprueba que las geometrías se encuentran en mínimos globales, se procede con el cálculo de aquellas propiedades teóricas de interés, entre las que se encuentran los parámetros de reactividad tanto globales como locales.

Los cálculos de reactividad global fueron realizados con la finalidad de conocer la estabilidad molecular de acuerdo con los valores de dureza (η) y blandura (S) químicas. Para la obtención de los descriptores de reactividad global se partió de la electronegatividad (χ), que puede ser computada dentro de una aproximación de diferencias finitas (Ver Ecuaciones 5.4-5.6) y que es utilizada sobre la teoría DFT, en donde el potencial de ionización (I) toma el valor de la diferencia de la energía del catión ($N-1$) y la energía total del sistema neutro (N), mientras que la afinidad electrónica (A) toma el valor de la diferencia entre el sistema neutro (N) y la energía del anión ($N+1$).

Las energías de cada sistema en forma iónica y neutra se muestran en la Tabla 5.3, mientras que la Tabla 5.4 muestra los valores obtenidos para los parámetros de reactividad química global de los sistemas analizados.

Se sabe que el potencial de químico (μ) mide la tendencia de escape de electrones del sistema, donde los electrones fluyen desde regiones de alto potencial hasta zonas de bajo potencial, este flujo ocurre hasta que el valor de μ sea constante a través de todo el sistema [9].

	N-1 Carga +2	N Carga +1	N+1 Carga 0
Cy	-641947.8	-642168.8	-642294.2
Cy-3G	-1023041.5	-1023263.4	-1023384.2
Cy-3S	-1332675.1	-1332888.6	-1333005.3
Dp	-688920.8	-689139.5	-689266.8
Dp-3G	-1070019.7	-1070235.5	-1070355.1
Dp-3S	-1379654.8	-1379863.9	-1379982.5

Tabla 5.3: Energías electrónicas totales ($Kcal/mol$) para N, $N+1$ y $N-1$ de las antocianinas y sus agliconas obtenidas con $DFT:B3LYP/6-31G(d)$.

En la Tabla 5.4 se puede notar que los valores más pequeños calculados para μ corresponden a los sambubiósidos Cy-3S y Dp-3S, siendo de 165,07 y 163,86 $Kcal/mol$ respectivamente. Es importante resaltar que estos valores de energía corresponden a valores relativos cuya finalidad es establecer comparaciones entre los niveles de sustitución en las antocianidinas y no de comparar con datos experimentales. Por otro lado, la blandura química (S) es una medida de la facilidad del sistema a transferir las cargas, por lo que un sistema con un valor alto de blandura, o bajo en dureza (ya que son inversos), es propenso a ceder con facilidad su carga, por lo que según los resultados obtenidos, las antocianidinas son las especies más blandas.

	I	A	μ	χ	η	S
Cy	221.0635	125.3163	-173.1899	173.1899	47.8736	0.0209
Cy-3G	221.8593	120.8410	-171.3502	171.3502	50.5091	0.0198
Cy-3S	213.5147	116.6374	-165.0761	165.0761	48.4386	0.0206
Dp	218.7245	127.3172	-173.0209	173.0209	45.7036	0.0219
Dp-3G	215.8316	119.6016	-167.7166	167.7166	48.1150	0.0208
Dp-3S	209.0877	118.6464	-163.8671	163.8671	45.2206	0.0221

Tabla 5.4: Parámetros teóricos de reactividad química global ($Kcal/mol$) obtenidos con $DFT:B3LYP/6-31G(d)$ y la aproximación de diferencias finitas.

Los descriptores I y A evidentemente cambian con respecto a las diferentes metodologías utilizadas, por lo tanto, los demás descriptores también experimentan cambios ya que dependen directamente de los valores calculados para I y A. En resumen, la tendencia observada en los valores de blandura (S) obtenidos con todas las metodologías teóricas propuestas, puede ser registrada de la siguiente manera:

$$Dp\text{-}3S > Dp > Cy > Dp\text{-}3G > Cy\text{-}3S > Cy\text{-}3G.$$

Por lo que podría confirmarse que, de las metodologías utilizadas para determinar los parámetros de reactividad global, todas mostraron una tendencia similar, en la que las antocianidinas son menos estables, ya que son más blandas y su potencial químico es mayor. Algunos trabajos reportados sobre la predicción de la actividad anti radical (antioxidante), donde se han estudiado los índices de reactividad global indican que las antocianidinas en su forma de catión flavilio son más reactivas [26].

5.2.2.2. Reactividad química local

La densidad de carga tiene relación directa con la reactividad química de las moléculas, pero al tratarse de una función tridimensional, resulta más sencillo definir las densidades de las cargas atómicas; es decir, las cargas parciales por cada átomo en el sistema.

El análisis de las funciones de Fukui (FF) es de gran ayuda en la determinación de los principales sitios de ataque nucleofílico, electrofílico y ataque por radical para un sistema molecular. Además es importante mencionar que, las FF son siempre positivas y los valores negativos no tienen significado físico, pues son sólo función de la densidad de carga. Además en sistemas muy grandes, la densidad electrónica puede diluirse y las diferencias para determinar la selectividad en la reactividad pueden ser tan pequeñas que son despreciables. Los valores más grandes determinan el sitio reactivo, sin embargo, no siempre es el caso. Cuando se habla del sitio fk^+ no sólo debe tener la función más alta, sino que también debe tratarse de un átomo con carga parcial positiva, mientras que para fk^-, el átomo debe tener carga negativa. Ver Ecuaciones 5.12-5.14.

Una vez determinadas las FF, esto valores indican los átomos o zonas susceptibles a distintos tipos de ataques, donde un análisis de la reactividad local en los sistemas estudiados puede llevar a la conclusión de que no existe cambio de los sitios sensibles a ataques nucleofílico (fk^+), electrofílico (fk^-) o por radical (fk^0) de acuerdo al grado de saturación por parte de los azúcares ya que como se puede observar (Ver Figura 5.4), el tipo y cantidad de grupos funcionales en la estructura no cambia en su mayoría los sitios de ataque en las antocianinas y antocianidinas analizadas.

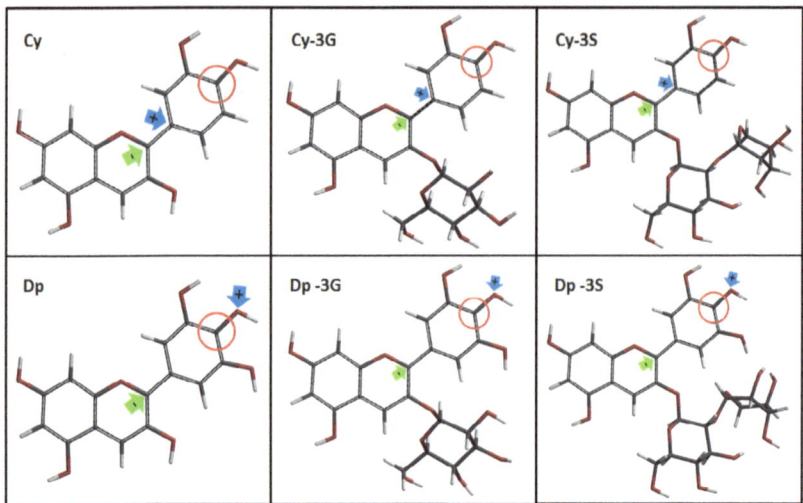

Figura 5.4: Sitios susceptibles a ataques nucleofílicos (flecha verde), electrofílicos (flecha azul) y por radical (círculo) de las antocianinas y sus agliconas.

Finalmente, la asociación de parámetros teóricos de geometría molecular y reactividad química global y local con datos experimentales, proporciona herramientas que apoyan a la investigación y evaluación de propiedades químicas en sistemas moleculares, reduciendo tiempo y costos, así como facilitando el entendimiento de los fenómenos químicos y de interacción inter e intramoleculares en sistemas de interés.

Referencias

[1] Robert G Parr, Robert A Donnelly, Mel Levy, and William E Palke. Electronegativity: the density functional viewpoint. *The Journal of Chemical Physics*, 68(8):3801–3807, 1978.

[2] Robert S Mulliken. A new electroaffinity scale; together with data on valence states and on valence ionization potentials and electron affinities. *The Journal of Chemical Physics*, 2(11):782–793, 1934.

[3] John P Perdew, Robert G Parr, Mel Levy, and Jose L Balduz Jr. Density-functional theory for fractional particle number: derivative discontinuities of the energy. *Physical Review Letters*, 49(23):1691, 1982.

[4] John P Perdew and Mel Levy. Physical content of the exact kohn-sham orbital energies: band gaps and derivative discontinuities. *Physical Review Letters*, 51(20):1884, 1983.

[5] Leonard Kleinman. Significance of the highest occupied kohn-sham eigenvalue. *Physical Review B*, 56(19):12042, 1997.

[6] Tjalling Koopmans. Über die zuordnung von wellenfunktionen und eigenwerten zu den einzelnen elektronen eines atoms. *Physica*, 1(1-6):104–113, 1934.

[7] Robert G Parr and Ralph G Pearson. Absolute hardness: companion parameter to absolute electronegativity. *Journal of the American Chemical Society*, 105(26):7512–7516, 1983.

[8] Ralph G Pearson. Absolute electronegativity and hardness: application to inorganic chemistry. *Inorganic chemistry*, 27(4):734–740, 1988.

[9] Pratim Kumar Chattaraj. *Chemical reactivity theory: a density functional view*. CRC press, 2009.

[10] Patrick Bultinck, Hans De Winter, Wilfried Langenaeker, and Jan P Tollenare. *Computational medicinal chemistry for drug discovery*. CRC Press, 2003.

[11] Robert G Parr and Weitao Yang. Density functional approach to the frontier-electron theory of chemical reactivity. *Journal of the American Chemical Society*, 106(14):4049–4050, 1984.

[12] R.G. Parr and Y. Weitao. *Density-Functional Theory of Atoms and Molecules*. International Series of Monographs on Chemistry. Oxford University Press, 1989.

[13] Weitao Yang and Wilfried J Mortier. The use of global and local molecular parameters for the analysis of the gas-phase basicity of amines. *Journal of the American Chemical Society*, 108(19):5708–5711, 1986.

[14] Araceli Castañeda-Ovando, Ma de Lourdes Pacheco-Hernández, Ma Elena Páez-Hernández, José A Rodríguez, and Carlos Andrés Galán-Vidal. Chemical studies of anthocyanins: A review. *Food chemistry*, 113(4):859–871, 2009.

[15] Miguel Aguilera-Otíz, María del Carmen Reza-Vargas, Rodolfo Gerardo Chew-Madinaveita, and Jorge Armando Meza-Velázquez. Propiedades funcionales de las antocianinas. *BIOtecnia*, 13(2):16–22, 2011.

[16] AD BecNe. Densityÿfunctional thermochemistry. iii. the role of exact exchange. *J. Chem. Phys*, 98:5648–5652, 1993.

[17] John P Perdew, Matthias Ernzerhof, and Kieron Burke. Rationale for mixing exact exchange with density functional approximations. *The Journal of Chemical Physics*, 105(22):9982–9985, 1996.

[18] John P Perdew, Kieron Burke, and Matthias Ernzerhof. Generalized gradient approximation made simple. *Physical review letters*, 77(18):3865, 1996.

[19] Yan Zhao and Donald G Truhlar. The m06 suite of density functionals for main group thermochemistry, thermochemical kinetics, noncovalent interactions, excited states, and transition elements: two new functionals and systematic testing of four m06-class functionals and 12 other functionals. *Theoretical Chemistry Accounts: Theory, Computation, and Modeling (Theoretica Chimica Acta)*, 120(1):215–241, 2008.

[20] Warren J Hehre, Robert Ditchfield, and John A Pople. Self—consistent molecular orbital methods. xii. further extensions of gaussian—type basis sets for use in molecular orbital studies of organic molecules. *The Journal of Chemical Physics*, 56(5):2257–2261, 1972.

[21] T Borkowski, H Szymusiak, A Gliszczyńska-Swigło, and B Tyrakowska. The effect of 3-o-β-glucosylation on structural transformations of anthocyanidins. *Food research international*, 38(8):1031–1037, 2005.

[22] J Srinivasa Rao and G Narahari Sastry. Proton affinity of five-membered heterocyclic amines: Assessment of computational procedures. *International journal of quantum chemistry*, 106(5):1217–1224, 2006.

[23] Johannes Gierschner, Jean-Luc Duroux, Patrick Trouillas, et al. Uv/visible spectra of natural polyphenols: a time-dependent density functional theory study. *Food Chemistry*, 131(1):79–89, 2012.

[24] M Bearpark, JJ Heyd, E Brothers, KN Kudin, VN Staroverov, R Kobayashi, J Normand, K Raghavachari, A Rendell, JC Burant, et al. Gaussian 09, revision a. 01, gaussian. *Inc., Wallingford CT*, 2009.

[25] Kathuhiko Ueno and N Saito. Cyanidin bromide monohydrate (3, 5, 7, 3', 4'-pentahydroxyflavylium bromide monohydrate). *Acta Crystallographica Section B: Structural Crystallography and Crystal Chemistry*, 33(1):114–116, 1977.

[26] Changho Jhin and Keum Taek Hwang. Prediction of radical scavenging activities of anthocyanins applying adaptive neuro-fuzzy inference system (anfis) with quantum chemical descriptors. *International journal of molecular sciences*, 15(8):14715–14727, 2014.

6. Análisis de Estados Excitados en Moléculas Orgánicas

José David Quezada Borja, Gerardo Zaragoza Galán, Luz María Rodríguez Valdez, Nora Aydeé Sánchez Bojorge

El análisis de las propiedades electrónicas y fotofísicas de las moléculas, es de gran utilidad ya que de este se pueden explicar ciertos comportamientos e incluso elucidar los cambios estructurales que la excitación provoca en la molécula y determinar el posible efecto de estos cambios en las propiedades electrónicas. Por lo que el estudio de los estados excitados de sistemas químicos tiene una amplia variedad de aplicaciones en diferentes áreas como: semiconductores orgánicos, celdas solares, diodos emisores de luz, transistores de efecto de campo orgánicos, por mencionar algunas.

En los materiales orgánicos emisores de luz, por ejemplo, el color de emisión es determinado por las energías de transición electrónica del estado excitado al estado basal. La eficiencia de la emisión de luz es obtenida mediante la competencia entre las velocidades de decaimiento radiativas y no radiativas [1]. Las propiedades necesarias para que una molécula orgánica forme parte de una celda solar son determinadas mediante el análisis de sus estados excitados. La longitud de onda a la cual la molécula es excitada para posteriormente transportar carga, es determinada por medio del estudio de estados excitados, incluso es posible determinar si el compuesto transporta electrones o cargas positivas también denominadas huecos. Además de determinar su posible afinidad con los otros materiales presentes en la celda solar.

Estos dispositivos en los cuales los estados excitados de las moléculas son de gran importancia, tienen algo en común: su rendimiento depende de la eficiencia con la cual los portadores de carga (electrones o huecos) se mueven dentro de los materiales π-conjugados. Estos portadores de carga son inyectados en los semiconductores orgánicos del electrodo de metal o del óxido conductor en el caso de los diodos emisores de luz o los transistores de efecto de campo. También pueden ser generados dentro de los materiales, en el caso de las celdas solares, mediante la separación de carga foto-inducida en la interface entre los componentes electro donadores o electro aceptores [2]. Los transportadores de carga, por lo tanto llevan ya sea electrones o huecos, y su análisis proporciona información de gran interés ya que impacta directamente en la eficiencia del dispositivo. Por esta razón en el siguiente capítulo se definirá el transportador de carga así como las diferencias entre un transportador de electrones y uno de huecos.

Para llevar a cabo el análisis de estos transportadores es necesario estudiar los estados excitados de la molécula. La participación que tienen estos estados en diversos dispositivos provoca el desarrollo tanto experimental como teórico de diversos métodos especializados en el análisis de estados excitados. Incluso, específicamente en la parte teórica, aun se siguen desarrollando diversos métodos que puedan calcular las propiedades de estos estados incluso en sistemas de gran número de átomos. El análisis teórico de los estados excitados de una molécula es muy útil en todas las diferentes áreas ya mencionadas. Mediante esta valiosa herramienta es posible determinar propiedades de los estados excitados tales como espectros de absorción, fluorescencia, transferencia de cargas, energía de reorganización, resonancia Raman, por mencionar algunas. Para ello son utilizados diversos métodos teóricos que son de utilidad para el estudio de estados excitados, a continuación se mencionan los métodos existentes, haciendo énfasis en los basados en la densidad electrónica, los cuales son de gran utilidad para el estudio de sistemas con una gran número de átomos.

6.1. Transferencia de Energía de Excitación Electrónica

La Transferencia de energía de excitación electrónica (EET, por sus siglas en inglés) entre dos moléculas se puede explicar mediante un esquema sencillo, Figura 6.1 a), en el cual el donador y el aceptor, denominados D y A, respectivamente, participan en este tipo de transferencia de energía. El punto inicial del proceso es una situación donde la molécula donadora ha sido excitada (D^*), por ejemplo, mediante un pulso laser, y la molécula aceptora se encuentra en su estado basal (A). Entonces la interacción coulómbica entre estas moléculas conduce a una reacción donde la molécula donadora se desexcita y la energía electrostática es transferida a la molécula aceptora, la cual es excitada. Ya que la desexcitación de la molécula donadora es parecida a una fotoemisión espontanea, el proceso descrito es también llamado *Transferencia de Energía de Resonancia de Fluorescencia* ($FRET$, por sus siglas en ingles). Sin embargo, para que esta transferencia se lleve a cabo es necesario que entre el donador y el aceptor exista una distancia mínima necesaria menor a 10 nm, como se observa en la Figura 6.1 b). Por lo que este tipo de transferencia requiere un reacomodo estructural para que esta distancia sea alcanzada por la molécula y se lleve a cabo la transferencia de energía. En este tipo de transferencia energética no es necesario que el donador y el aceptor se encuentren unidos entre sí, como se muestra en la Figura 6.1 c), este tipo de interacciones son muy utilizadas en la detección de interacciones proteína-proteína al adicionar a estas los donadores y aceptores adecuados.

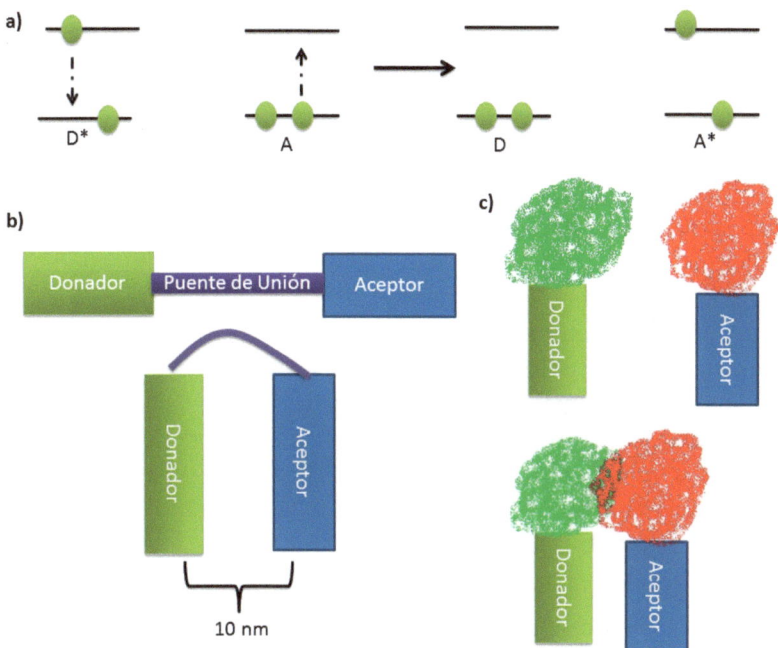

Figura 6.1: a) Transferencia de energía tipo $FRET$, b) mólecula que presenta $FRET$ cuando el donador y el aceptor se encuentran a una distancia de 10 nm, c) determinación de interacciones proteína-proteína mediante $FRET$.

El estado final también puede ser alcanzado mediante un mecanismo de intercambio de electrones entre las moléculas donadoras y aceptoras. El electrón en el *LUMO* del donador se mueve al *LUMO* del aceptor y el hueco en el *HOMO* del donador es llenado por un electrón del *HOMO* del aceptor, Figura 6.2. Este proceso requiere que las funciones de onda se sobrepongan entre el donador y el aceptor. Si se generaliza a un conjunto arbitrario de moléculas, la superposición de estados es conocida como *excitón Frenkel*. Para distinguir el excitón Frenkel de otro tipo de excitones se puede considerar como un par electrón-hueco con ambas partículas posicionadas en la misma estructura [3].

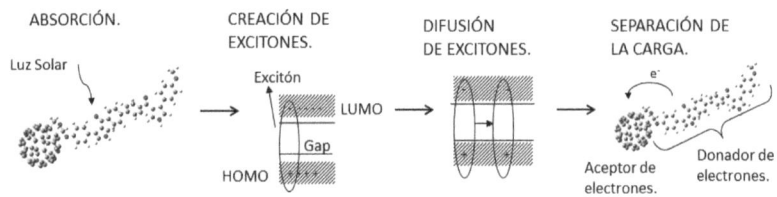

Figura 6.2: Formación, difusión y separación de excitones.

La foto-excitación en general provoca que el electrón (e), con suficiente energía, se mueva en el espacio ocupando niveles de mayor energía, siendo influenciado en el estado excitado por el campo de la carga positiva resultante al dejar una vacancia (hueco ó "h"). Así, si la interacción e-h es pequeña o despreciable, entonces cada miembro del par e-h se considera como una carga libre. Por el contrario, si existe una interacción atractiva de naturaleza coulómbica entre e y h este par se puede considerar como una cuasi-partícula o excitón. Una característica distinguible de los excitones es su extensión espacial en un estado electrónico excitado. Así, en la medida en que se distribuye la excitación entre las subunidades de un material, determinadas por el acoplamiento electrónico entre las mismas, se incrementa la extensión espacial del excitón de manera coherente. Es por ello que, tanto el tamaño físico (dimensión), como la forma (estructura del sistema), influyen fuertemente en la naturaleza y la dinámica de la excitación electrónica y por ende en las propiedades electrónicas del sistema [4].

Al llegar el excitón a la interface entre los componentes electro donadores o electro aceptores, esta interacción entre el electrón y el hueco se pierde quedando ambas cargas libres para ser transportadas. El proceso de transferencia de carga ocurre como una transición espontanea de un estado inicial metaestable a un estado final estable. El estado inicial se forma mediante una fotoabsorción o por medio de la inyección de carga de una fuente externa [3].

Estas son algunas de las excitaciones que se pueden presentar, este tipo de excitaciones y las relaciones que se presentan entre los estados excitados son posibles de analizar mediante cálculos teóricos. Por esta razón a continuación se mencionan los métodos teóricos que pueden ser aplicados para el estudio de estados excitados.

6.2. Métodos de cálculo de estados excitados

Para llevar a cabo el análisis de los estados excitados de cualquier molécula es primordial el análisis de la superficie de energía potencial (SEP) de estados excitados, la cual es compleja de estudiar debido a que involucra muchos mínimos, estados de transición, cruces de superficies y acoplamientos de estados. Por ello, su modelación requiere de métodos que consideren en una alta proporción a la correlación electrónica. Para obtener resultados de calidad es necesario el uso de métodos químico cuánticos, sin embargo, estudiar a este nivel de teoría los estados excitados de una molécula conlleva gran trabajo sobre todo al aumentar el número de átomos en la estructura, razón por la cual uno de los métodos para el cálculo de estados excitados se basa en el uso de la densidad electrónica. Este método es sumamente utilizado para sistemas químicos con gran número de átomos ya que la demanda en el tiempo de cálculo es menor, siempre y cuando la metodología seleccionada no lo incremente. Otro tipo de métodos utilizados en el cálculo de estados excitados se basan en el uso de la función de onda del sistema químico bajo estudio. Entre ellos se encuentran los métodos que incluyen explícitamente los estados excitados en la función de onda multi-electrónica, mediante la adición de determinantes excitados que se construyen a partir del determinante de Slater HF del estado base. Los métodos computacionales así descritos se conocen como basados en una referencia simple o basados en el determinante de Slater de HF y en este grupo se clasifican los métodos $Full$-CI y los CI truncados en sus diferentes aproximaciones, Figura 6.3. Otros métodos que utilizan la función de onda son los multi-configuracionales, como CAS-SCF, y multi-referenciales basados en CI (MR-CI), o basados en las aproximaciones MPn (CAS-PT2). Es importante resaltar que el uso de los métodos *ab initio* de Full-CI o truncamientos del orden de CISDT, así como los multi-configuracionales o multi-referenciales está limitado a moléculas relativamente pequeñas debido a su alto costo computacional.

Otras prominentes aproximaciones, dentro de los métodos basados en la función de onda, son todos aquellos incluidos bajo la denominación de "*aproximaciones de propagadores*" (*Propagator approaches*, según su nombre en inglés). La peculiaridad de estas aproximaciones es que no necesitan obtener la función de onda de los estados individuales para estimar las energías de excitación y las probabilidades de las transiciones electrónicas. Sin embargo, dado que estas técnicas utilizan una expresión de polarizabilidad del estado base, son muy sensibles al tipo de función de onda de referencia [5].

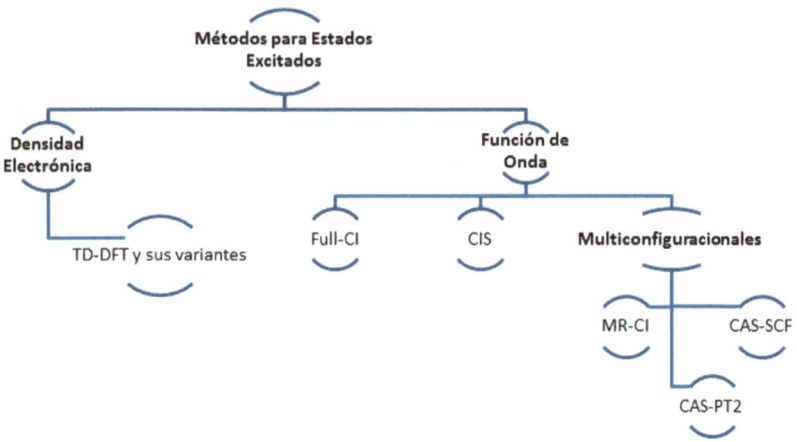

Figura 6.3: Esquema que muestra una clasificación general de los métodos teóricos utilizados para el cálculo de estados excitados.

El método $CIS\,(D)$ [6, 7] es básicamente un método CIS con correcciones perturbativas de segundo orden ($MP2$) que introducen el efecto de dobles excitaciones de manera aproximada. Sin embargo, en química cuántica es usual referirse al tamaño molecular mediante el número de funciones de base utilizadas. En este sentido se ha planteado que los métodos para describir grandes sistemas poliatómicos deben calcular alrededor de 5000 funciones de base utilizando como máximo algunos días de costo computacional en una computadora personal estándar [8]. Así, el uso de métodos *ab initio* que utilizan funciones de base queda limitado al método de CIS.

Dentro de los métodos para el cálculo de estados excitados basados en la densidad encontramos la *Teoría del Funcional de la Densidad Dependiente del Tiempo* (TD-DFT). La Teoría del Funcional de la Densidad (DFT), se basa en que la energía puede ser determinada a partir de la densidad electrónica, la cual está en función de tres variables: la posición x, y y la posición z de los electrones, esto permite llevar a cabo cálculos con un gran número de electrones con tiempos de cálculo relativamente cortos [9]. Este método emplea el primer y segundo Teorema de Hohenberg-Kohn.

El primer teorema especifica que cualquier observable puede escribirse como un funcional de la densidad electrónica del estado fundamental; mientras que el segundo teorema explica que una densidad de prueba siempre proporcionará una energía superior o igual a la energía exacta del estado fundamental. Además de estos dos teoremas, DFT también emplea el método de Kohn y Sham, el cual proporciona el método variacional por el cual se puede obtener la energía y la densidad electrónica de un sistema. Para llevar a cabo estos cálculos, es necesario el uso tanto de funcionales como de conjuntos base, así como de otras aproximaciones. En general los funcionales f_{xc} disponibles en la actualidad se clasifican en; los funcionales locales, funcionales de gradiente corregido, como el PBE [10] (Perdew-Burke-Enzerhof), y funcionales híbridos, como el ampliamente extendido $B3LYP$ [11] (Becke3-Lee-Yang-Parr). Por lo que la selección del funcional para la determinación de propiedades electrónicas es importante, ya que la forma del mismo afecta considerablemente los resultados obtenidos.

El tratamiento TD-DFT implica utilizar la ecuación de Schrödinger dependiente del tiempo. En este caso, el teorema de Runge-Gross garantiza que la evolución de la densidad electrónica de un sistema de muchas partículas está sujeta a un potencial externo dependiente del tiempo. De esta manera queda establecida la relación directa entre la densidad electrónica y el potencial externo. En analogía al segundo teorema de HK, si la función de onda $\Psi(r,t)$ es una solución de la ecuación 6.1, bajo la condición inicial donde $\Psi(r,t_0) = \Psi_0$, entonces $\Psi(r,t)$ es un punto estacionario de una integral de acción ($A[\rho]$) que se optimiza variacionalmente mediante la densidad electrónica $\rho(r,t)$.

$$\widehat{H}\Psi(r,t) = i\frac{\partial}{\partial t}\Psi(r,t) \tag{6.1}$$

La derivación de las ecuaciones de KS en TD-DFT igualmente asume que, existe un sistema de referencia de partículas independientes bajo un potencial externo $V_s(r,t)$ cuya densidad electrónica $\rho_s(r,t)$ equivale a la densidad electrónica exacta de un sistema real de partículas interactuantes ($\rho(r,t)$). Este sistema de partículas independientes de referencia se representa mediante un determinante de Slater construido a partir de los orbitales de KS. La representación matricial de las ecuaciones KS dependientes del tiempo, expresada sobre la base de k orbitales independientes del tiempo (ecuación 6.2), se expresa según la ecuación 6.3.

$$\chi_i(r,t) = \sum_{\mu=1}^{k} C_{i\mu}(t)\phi(r) \tag{6.2}$$

$$i\frac{\partial}{\partial t}C = F^{KS}C \tag{6.3}$$

Una de las formas de solución de la ecuación 6.3, es mediante un análisis de respuesta lineal basado en la teoría de perturbaciones dependiente del tiempo, concebido dentro de los métodos de propagación, sin embargo, debido a que la aplicación que nos concierne es sobre Teoría del Funcional de la

Densidad Dependiente del Tiempo; no nos adentraremos en la explicación sobre los métodos de propagación.

En la actualidad, a pesar de las aproximaciones de los funcionales, los métodos TD-DFT muestran los resultados más confiables de las energías de los estados de valencia excitados. Sin embargo, los cálculos necesitan de funciones de base extendidas que implican un aumento en el costo computacional. El uso de funcionales híbridos provoca que los costos computacionales sean ligeramente mayores a CIS y TD-HF debido a que estos funcionales evalúan parte de la energía de intercambio HF, sin embargo, se requiere incluir mayores contribuciones del intercambio HF para corregir en alguna medida la errónea descripción de los fenómenos de transferencia de carga. En general, todos estos métodos basados en una referencia simple; CIS, TD-HF, TD-DFT y TDA, requieren de algoritmos iterativos para la diagonalización de matrices y así poder calcular sistemas moleculares grandes. En este sentido el algoritmo de Davidson ha sido el más utilizado, permitiendo obtener iterativamente un menor número de auto-valores y auto-funciones [11, 12].

La combinación de estas herramientas ha permitido comprender los fundamentos de los procesos ópticos en celdas solares, diferentes materiales ópticamente activos y la fotosíntesis. Más aún, la descripción teórica de transiciones ópticamente prohibidas, a las que se les suele llamar estados "oscuros", las cuales en muchas ocasiones se observan con dificultad o no llegan a observarse experimentalmente, juega un papel esencial en la comprensión de la dinámica de los estados excitados [12].

Para sistemas poliatómicos los métodos basados en la densidad electrónica, específicamente TD-DFT, son de gran utilidad, debido a sus tiempos de calculó relativamente bajos para sistemas químicos con gran número de átomos.

6.3. Aplicación

6.3.1. Celdas solares

A nivel mundial, la reducción de las reservas de combustibles fósiles muestran una gran necesidad de contar con fuentes alternas de energía que sean preferentemente renovables, limpias y económicas [13]. Los sistemas de energía sostenibles tales como: la luz solar, el calor geotérmico, el viento, las mareas y la biomasa, se consideran como las fuentes de energía más prometedoras para aliviar la crisis energética y medioambiental que se presenta actualmente en el mundo, por lo que han recibido cada vez más atención en los últimos años. Debido a la enorme cantidad de energía que recibe la tierra diariamente del sol, la energía solar se considera como la mejor opción entre todas las fuentes de energía sostenibles ya mencionadas [14]. Dentro del área de generación de energía a partir de la energía solar se encuentran diversos tipos de celdas solares dependiendo de sus características generales pueden ser divididas en 3 tipos principales: Celdas Solares basadas en Moléculas, Celdas Solares Poliméricas y Celdas Solares Hibridas, Figura 6.4.

Las primeras se basan en moléculas pequeñas con una estructura conjugada, ésta permite la conducción dentro del material; las celdas solares poliméricas se basan en polímeros o co-polímeros con un gran número de unidades, estos dos tipos de celdas son exclusivamente de compuestos orgánicos. Las celdas solares hibridas, a diferencia de las dos anteriores, están compuestas por materiales orgánicos e inorgánicos con la finalidad de aprovechar las ventajas de ambos materiales. Dentro de este tipo de celdas se encuentran las Celdas Solares Sensibilizadas al Colorante ($DSSC$) y las Celdas de Perovskita de haluro organometálico o tipo Perovskita (PSC). Esta última se considera un candidato prometedor para resolver dichos problemas de energía, debido a su notable desempeño fotovoltaico y su atractivo potencial para una producción más económica [15, 16, 17].

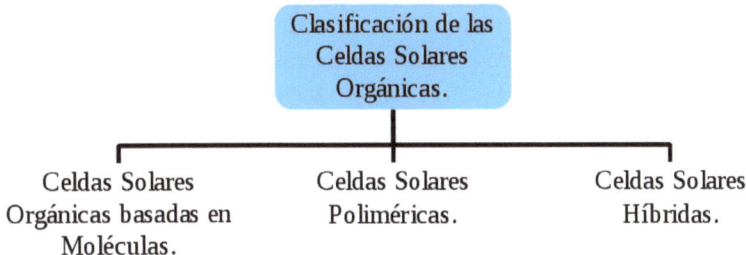

Figura 6.4: Clasificación de las celdas solares.

6.3.2. Celda solar tipo perovskita

La celda solar de Perovskita (PSC) es un dispositivo fotovoltaico emergente en los últimos años que emplea el compuesto estructurado de Perovskita de haluro organometálico como la capa activa de recolección de luz. Esto ha generado una atención significativa debido a su alta movilidad intrínseca de portadores, altos coeficientes de extinción molar, largas longitudes de difusión de carga y una fuerte absorción sobre la mayor parte del espectro visible [13].

La primera incorporación de la Perovskita de haluro organometálico en una celda solar fue reportada por Miyasaka y colaboradores en 2009 [18].

Aquí se usaron los compuestos $CH_3NH_3PbI_3$ y $CH_3NH_3PbBr_3$ como fotosensibilizadores en combinación con un electrolito líquido basado en yoduro/triyoduro (I^- / I^{3-}), obteniendo una eficiencia de conversión de energía (*PCE* por sus siglas en inglés) de 3,8 % y 3,1 % para las celdas de triyoduro y tribromuro, respectivamente [13, 14, 15, 16, 19, 20]. Aprendiendo de las celdas solares de estado sólido sensibilizadas con colorante (*DSSC* por sus siglas en inglés), reemplazando los electrolitos líquidos con materiales transportadores de huecos (*HTM* por sus siglas en inglés) en estado sólido como el 2,2',7,7'-tetrakis(N,N-di-p-methoxyphenyl-amine) 9,9'-spiro-bifluorene (*Spiro-OMeTAD*) y en combinación con la Perovskita como absorbedores de luz, se obtuvieron *PCEs* superiores a 10,0 %. Desde entonces se han logrado enormes progresos durante los últimos años, la eficiencia global de las *PSCs* ha mejorado rápidamente hasta alcanzar un 20,1 %, el cual fue reportado y certificado por Soek y colaboradores [13].

6.3.3. Funcionamiento

El principio de funcionamiento de la celda se basa en la absorción de luz solar para posteriormente generar electricidad, mediante la absorción de fotones incidentes que alcanzan la capa de Perovskita a través del electrodo transparente, dando lugar a la formación de excitones, los cuales se ha encontrado que se disocian fácilmente en portadores de cargas libres a condiciones ambientales. Las capas transportadoras de huecos y de electrones aseguran la recolección de carga selectiva en los electrodos y al mismo tiempo reduce las posibilidades de que se presente una recombinación de cargas [19].

6.3.4. Estructura

La estructura de una *PSC* es muy similar a una Celda Solar Sensibilizada por Colorantes (*DSSC*), la diferencia es el fotosensibilizador, el cual fue reemplazado por la Perovskita como absorberdor de luz. Además consta de un electrodo transparente de óxido de estaño dopado con flúor (*FTO*), una capa de un material transportador de electrones (*ETM*) (TiO_2 compactado), una capa transportadora de huecos (*HTL*) y un electrodo metálico [13, 21].

Los materiales transportadores de huecos orgánicos juegan un papel importante en la regeneración de los absorbedores de luz en estado oxidado y en el transporte de los huecos hacia el contra electrodo tanto en las *DSSCs* y las *PSCs*. Un material transportador de huecos de alto rendimiento debe cumplir varios requisitos generales en un dispositivo fotovoltaico [13]:

1) Nivel de energía compatible: El *HTM* debe tener un potencial de oxidación más negativo que el del material recolector de luz para que

el material absorbente de luz oxidado pueda regenerarse eficazmente;

2) Excelente movilidad del portador de carga: Alta movilidad de huecos para satisfacer su transporte rápido hacia el electrodo metálico;

3) Buena estabilidad: Alta estabilidad térmica, fotoquímica, al aire y a la humedad.

4) Procesable en solución: Alta solubilidad en solventes orgánicos (particularmente en tolueno y clorobenceno) para satisfacer el proceso de la solución, tales como impresión por chorro de tinta y recubrimiento por centrifugación.

5) Excelente capacidad para formar películas: El *HTM* debe tener una tendencia baja a la cristalización de manera que pueda formar fácilmente una capa fina lisa de alta calidad en las interfaces, favoreciendo la transferencia de cargas.

6) Bajo costo y amigable con el ambiente: El *HTM* debe ser fácil de sintetizar, reciclable y no debe ser tóxico.

El material transportador de huecos por excelencia y empleado como referencia es el *Spiro-OMeTAD*, aunque actualmente se realizan investigaciones para encontrar nuevos materiales transportadores de huecos debido a su alto costo y baja movilidad de cargas [19]. Además se han llevado a cabo estudios teóricos acerca de las posibles modificaciones estructurales de materiales conductores de huecos [22] las cuales se basan en la estructura molecular del *Spiro-OMeTAD*. Los estudios teóricos analizan propiedades tales como: espectro de absorción *UV-vis*, análisis de los orbitales frontera (*HOMO*, último orbital molecular ocupado, y *LUMO*, primer orbital molecular desocupado) [21, 23, 24], cálculo del gap energético [21, 23, 25] y energía de reorganización de cargas [21, 24, 26, 27], entre otras. Además, se han realizado estudios para calcular la diferencia de densidad de carga (*CDD* por sus silgas en inglés), la cual toma la diferencia entre las densidades de carga de un sistema de interés y uno de referencia, y grafica la redistribución de carga debido a los enlaces químicos [25, 28].

Como se mencionó anteriormente, el *Spiro-OMeTAD* es el material transportador de huecos por excelencia, sin embargo, diversos compuestos orgánicos se han propuesto para su uso tales como: carbazoles [13, 29, 30], tiofenos [8], fluorenos [31, 32], trifenilamina [33, 34], por mencionar algunos [35]. Los estudios teóricos para el análisis de este tipo de compuestos han sido de gran utilidad ya que permiten analizar a nivel atómico el efecto que producen en las propiedades electrónicas los cambios estructurales en las moléculas. Con ello se puede considerar a la química teórica como una herramienta de predicción.

Para llevar a cabo el análisis de las propiedades electrónicas y fotofísicas de los conductores de huecos, es necesario conocer y estudiar los estados excitados de los mismos. Debido a que es de importancia determinar ciertas propiedades específicas como la longitud de onda a la cual absorbe la luz solar, los estados de transición que participan en este proceso, así como también conocer el rearreglo estructural que sufre la molécula como resultado de la excitación de la misma, para lo cual es importante determinar la energía de reorganización de la molécula.

6.3.5. Análisis de los estados excitados en derivados de Trifenilamina

Consideremos un grupo de moléculas para su análisis, en la Figura 6.5 se muestran los sistemas químicos bajo estudio. Las moléculas cuyo puente π está formado por carbazol y fluoreno, servirán de blanco, ya que estas moléculas se encuentran ya sintetizadas [36] y los datos experimentales de los espectros de absorción servirán de parámetro como punto de comparación. Para determinar si estos materiales pueden transportar huecos es importante analizar la longitud de onda a la cual absorben luz, mediante la obtención del espectro UV-vis y el análisis de las transiciones electrónicas más probables. Analizar los orbitales moleculares en la estructura y, un análisis más completo conlleva el estudio de los estados excitados y la determinación de la energía de reorganización. Sin embargo, nos centraremos en las dos primeras propiedades mencionadas.

Figura 6.5: Estructura química de los sistemas propuestos y sus sustituyentes.

Dentro de las moléculas a analizar se encuentran los derivados de pirrol, los cuales llaman la atención debido a sus bajos valores de potencial de oxidación (0,8 V) [31], valores que se encuentran incluso más bajos que otros compuestos heterocíclicos, tales como el tiofeno el cual presenta valores de 1,5 V [28]. Esta propiedad y su amplio uso como conductor de huecos en dispositivos $OLED$, han propiciado el interés de ampliar su aplicación a celdas de tipo Perovskitas. Por otro lado, también se encuentran los tiadiazoles, los cuales han sido utilizados como polímeros en celdas de Perovskitas, sin embargo, en esta ocasión este tipo moléculas se usarán en una conformación distinta, participando como un puente π dentro de la estructura química, lo cual se muestra en la Figura 6.5. Por último se encuentran los antracenos, compuestos orgánicos ampliamente utilizados como semiconductores orgánicos. Cabe destacar que los derivados pirrólicos y de antraceno, no tienen presencia en esta área de generación de energía.

En este caso las geometrías optimizadas fueron obtenidas bajo la aproximación de molécula aislada en fase gas, mientras que para las propiedades restantes la presencia de solvente es considerada de forma implícita empleando clorobenceno como solvente, esto debido a que los datos experimentales se encuentran reportados en este solvente. Es conveniente utilizar un grupo de funcionales con intercambio HF variado en la optimización de geometría y obtención del espectro de absorción, para posteriormente realizar una comparación de los valores de distancia, ángulos y longitud de onda de absorción contra datos experimentales con la finalidad de determinar el funcional apto para el tipo de molécula utilizado. En este caso para este análisis fueron utilizados el $B3LYP$ y diversos funcionales Minnesota. La metodología que muestra mejor aproximación a los datos experimentales es Minnesota/6-31G(d).

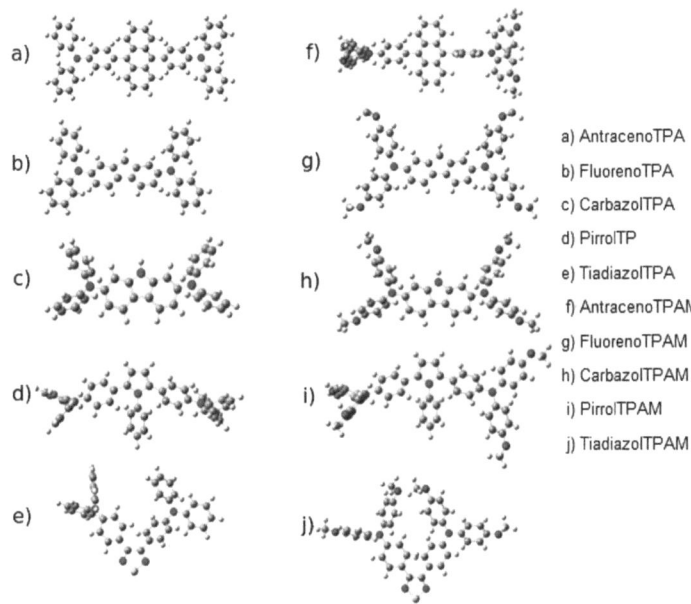

Figura 6.6: Estructuras optimizadas de los derivados de trifenilamina bajo estudio.

En la Figura 6.6 se muestran los sistemas químicos bajo estudio con su estructura optimizada. La optimización de geometría se llevó a cabo mediante cálculos DFT con el funcional $M06$-$2X$ y el conjunto de base 6-31$G(d)$. Además, mediante un cálculo de frecuencias se encontró que no existen frecuencias imaginarias en ninguno de los compuestos, lo cual indica que las optimizaciones fueron realizadas correctamente.

Como se mencionó anteriormente, el funcional utilizado en la determinación de estados excitados afecta considerablemente los resultados obtenidos, por tal razón es necesario llevar a cabo un análisis del espectro de absorción con diferentes funcionales y con ello definir aquel que proporcione los mejores resultados. Para definir el funcional que será utilizado en la determinación de los espectros de absorción, se llevó a cabo una comparación de la longitud de onda experimental con los espectros de absorción teóricos obtenidos para los compuestos cuyo puente π es el carbazol y el fluoreno. Esta comparación se muestra en la Figura 6.7, los datos experimentales son 388 y 393 para $CarbazolTPAM$ y $FluorenoTPAM$, respectivamente. Los espectros de absorción teóricos fueron obtenidos mediante la Teoría del Funcional de la Densidad dependiente del Tiempo (TD-DFT) en presencia de solvente, para lo cual fueron utilizados los funcionales: $B3LYP$, $M06$, $M06L$, $M062X$, $PBE1PBE$. Al analizar los resultados obtenidos se define el funcional M06 para el análisis de los derivados de trifenilamina restantes ya que es el funcional que proporciona los resultados más cercanos a los datos experimentales.

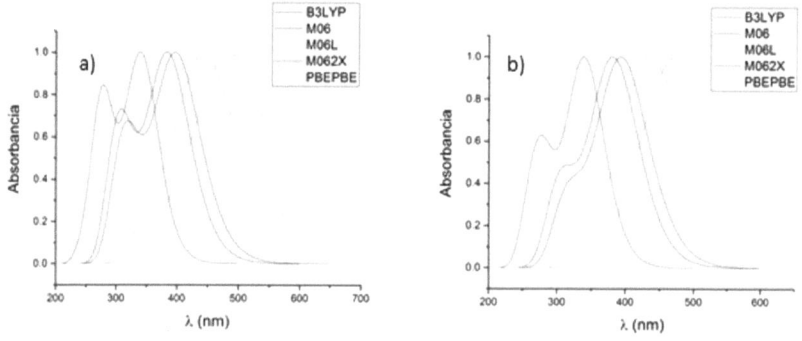

Figura 6.7: Espectro de absorción con diferentes metodologías a) $carbazolTPAM$, b) $fluorenoTAPM$.

En la Figura 6.8 se presentan los espectros de absorción UV-Vis de los sistemas químicos bajo estudio calculados con la Teoría del Funcional de la Densidad Dependiente del Tiempo (TD-DFT) por medio del funcional $Minnesota$ $M06/6$-$31G(d)$. Se puede observar que tanto los compuestos con el sustituyente R:-H y los compuestos con R:-OMe absorben en el rango de luz ultravioleta (UV), esto es consistente con los espectros de absorción reportados anteriormente para compuestos transportadores de huecos [22, 36]. Además, en el grafico a) se observa que le derivado de pirrol presenta un comportamiento muy similar a los derivados de carbazol y fluoreno, por lo que se puede decir que el puente de pirrol presenta buenas propiedades como conductor de huecos.

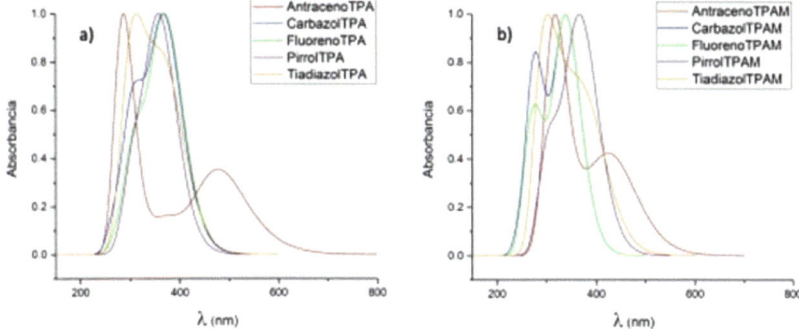

Figura 6.8: Espectros de absorción UV-Vis de los derivados de trifenilamina. a) R:-H, b) R:-OMe

En la Tabla 6.1 se muestran las longitudes de onda (λ), la fuerza de oscilador f, la energía de excitación vertical (Ω_A), así como las transiciones electrónicas de las principales bandas de absorción que se muestran en la Figura 6.8. Como se puede observar, los valores de la energía de excitación vertical se encuentran por encima de 2 eV para todos los derivados, esto se debe a que los derivados absorben principalmente en el espectro ultravioleta, lo cual es característico de un conductor de huecos ya que no es necesario que éste sea excitado por la luz solar. Las transiciones electrónicas que se presentan en la longitud de onda de mayor intensidad para casi todos los derivados son $HOMO$-$LUMO$, excepto para $antracenoTPA$, $antracenoTPAM$ y $tiadiazolTPAM$. Al comparar con los derivados ya reportados experimentalmente en la literatura, basados en carbazol y fluoreno, se puede observar que estos presentan una transición electrónica de $HOMO$ a $LUMO$ principalmente, por lo que es preferible que dicha transición sea la que se presente con mayor probabilidad en los compuestos analizados.

Es importante mencionar que los derivados de pirrol presentan esta transición electrónica en ambas conformaciones R:-H y R:-OMe.

Compuesto	Longitud de Onda (λ)	Energía de Excitación Vertical (ΔE)	Fuerza del Oscilador	Transiciones Electrónicas
AntracenoTPA	282.7	4.39	0.1759	H-0->L+5(+42 %)
	298.87	4.15	0.1411	H-0->L+1(+26 %)
	478.68	2.59	0.1584	H-0->L+0(+97 %)
CarbazolTPA	370.81	3.34	1.0764	H-0->L+0(+96 %)
	309.64	4.00	0.295	H-0->L+3(+74 %)
	305.38	4.06	0.2311	H-0->L+4(+69 %)
FluorenoTPA	372.44	3.33	1.2203	H-0->L+0(+96 %)
	310.66	3.99	0.4932	H-0->L+4(+68 %)
PirrolTPA	362.12	3.42	1.4937	H-0->L+0(+91 %)
	309.47	4.00	0.4489	H-0->L+5(+65 %)
TiadiazolTPA	380.64	3.26	0.3419	H-0->L+0(+97 %)
	373.07	3.32	0.3107	H-1->L+0(+86 %)
	319.73	3.88	0.2813	H-1->L+1(+88 %)
	299.7	4.14	0.3093	H-0->L+4(+53 %)
AntracenoTPAM	317.5	3.91	0.8848	H-0->L+4(+57 %)
	390.8	3.17	0.1913	H-2->L+0(+92 %)
	442.53	2.80	0.315	H-0->L+0(+93 %)
CarbazolTPAM	340.75	3.64	1.3807	H-0->L+0(+90 %)
	281.61	4.40	0.3348	H-0->L+3(+37 %)
	277.16	4.47	0.4933	H-0->L+4(+60 %)
FluorenoTPAM	340.78	3.64	1.5537	H-0->L+0(+90 %)
	279.56	4.44	0.6239	H-0->L+4(+61 %)
	258.65	4.79	0.2786	H-0->L+9(+31 %)
PirrolTPAM	370.59	3.35	1.4535	H-0->L+0(+90 %)
	304.91	4.07	0.1598	H-0->L+7(+44 %)
	301.16	4.12	0.2355	H-0->L+5(+37 %)
TiadiazolTPAM	377.85	3.28	0.3202	H-1->L+0(+92 %)
	345.29	3.59	0.2336	H-0->L+1(+86 %)
	319.52	3.88	0.3005	H-1->L+1(+79 %)
	291.92	4.25	0.3063	H-0->L+8(+43 %)

Tabla 6.1: Datos de energía de absorción y transiciones electrónicas de los compuestos derivados de trifenilamina.

En la Figura 6.9 se muestra la localización de los orbitales moleculares *HOMO* y *LUMO* para los derivados de trifenilamina, estos orbitales fueron tomados en cuenta debido a que es la transición electrónica de mayor probabilidad que se presenta en el análisis de los espectros de absorción. Como se puede observar, los derivados de pirrol presentan un comportamiento similar al *carbazolTPA* ya que en este último el *HOMO* se encuentra posicionado mayormente en los anillos de trifenilamina mientras que el *LUMO* se posiciona preferentemente en los anillos de carbazol. Comportamiento que se mantiene para el *pirrolTPA* y el *pirrolTPAM*. Esto indica que posiblemente los derivados de pirrol presenten buenas propiedades para conducir huecos al igual que el *carbazolTPA*.

Los derivados de tiadiazol, específicamente *TiadiazolTPA* aunque presenta transiciones *HOMO-LUMO* como se observa en la Tabla 6.1, las bandas en el espectro de absorción no son similares a los compuestos con carbazol y fluoreno como puente π. Sin embargo, el *TiadiazolTPA* presenta el *HOMO* sobre ambas trifenilaminas, y el *LUMO* se encuentra sobre el anillo de tiadiazol, por lo que la separación de los orbitales si se presenta. Por otro lado *TiadiazolTPAM* no exhibe la transición *HOMO-LUMO* como la principal en los espectros de absorción, sin embargo, al analizar la posición de estos orbitales en la estructura se observa que el *HOMO* se encuentra solamente sobre una de las trifenilaminas, mientras el *LUMO* se encuentra sobre el anillo de tiadiazol.

En el caso del *AntracenoTPAM* aunque la transición electrónica principal es *HOMO-LUMO* y el *HOMO* al igual que en los compuestos anteriores se encuentra sobre las trifenilaminas, y el *LUMO* sobre el antraceno. El comportamiento observado en las bandas de absorción no es semejante a los compuestos basados en carbazol y fluoreno. Los derivados que contienen antraceno como puente π presentan una banda de absorción en el espectro visible, lo cual no es lo ideal para un compuesto transportador de huecos.

De forma general en todos los compuestos se observa una separación de los orbitales, sin embargo, al comparar los espectros de absorción así como las transiciones electrónicas, se puede observar que los derivados de pirrol son los que exhiben un comportamiento semejante a los derivados de carbazol y fluoreno. No solo en la separación de los orbitales sino además al absorber a una longitud de onda semejante y presentar la transición electrónica de *HOMO-LUMO* como la principal. Por lo que se puede concluir que estos compuestos pueden presentar buenas propiedades de transporte de carga. Sin embargo, para determinar el tipo de carga que pueden transportar con mayor facilidad es necesario realizar un análisis de la energía de reorganización de la estructura por medio de la teoría de Marcus, para lo cual es necesario el estudio de la estructura química en su estado excitado.

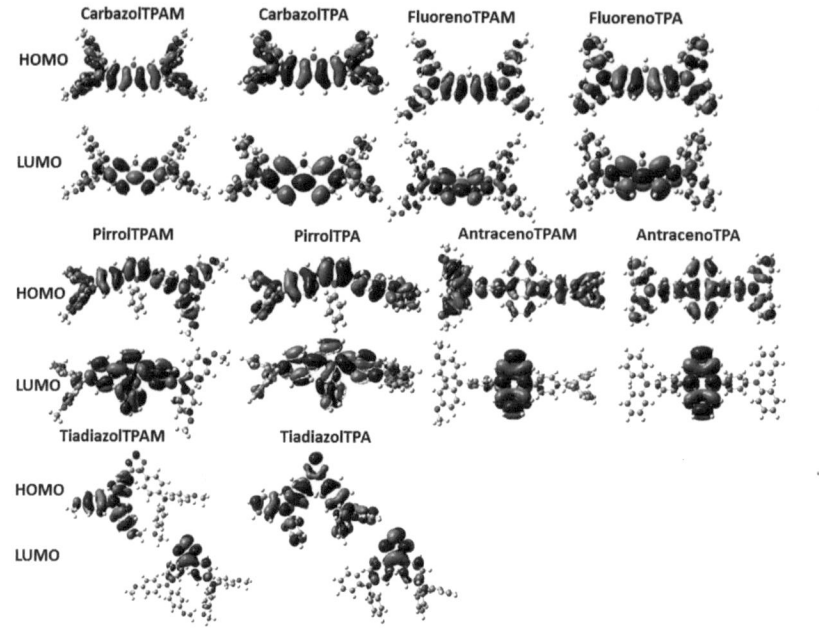

Figura 6.9: Orbitales *HOMO* y *LUMO* de los derivados de trifenilamina

6.3.5.1. Conclusiones

El estudio del espectro de absorción con diferentes metodologías corrobora que el intercambio Hartree-Fock que presentan los funcionales impacta en los resultados obtenidos corriendo la longitud de onda máxima. De este análisis se determina que para estos sistemas químicos el funcional M06 describe con una buena correlación el espectro de absorción y las transiciones electrónicas de los estados excitados de los mismos.

Los espectros de absorción teóricos obtenidos para los derivados de trifenilamina muestran que los compuestos bajo estudio absorben energía en el rango ultravioleta del espectro electromagnético, lo cual concuerda con los espectros reportados en la literatura para materiales conductores de huecos. Además, absorber en la región *UV*, asegura que solo la Perovskita absorbe energía en la región visible y sea ésta la que se excite en el dispositivo. El análisis de las transiciones electrónicas y los orbitales *HOMO* y *LUMO* muestran que los derivados *pirrolTPA* y *pirrolTPAM* son buenos candidatos para ser empleados como conductores de huecos ya que presentan propiedades similares a los conductores ya reportados experimentalmente basados en carbazol y fluoreno. Este es un claro ejemplo de aplicación de la química teórica y de un análisis sencillo de estados excitados aplicado al estudio del efecto que producen en las propiedades electrónicas los cambios estructurales en las moléculas. Los métodos de TD-DFT describen con buena calidad los estados excitados de derivados de trifenilamina y la metodología utilizada muestra buena correlación con datos experimentales previamente reportados.

Referencias

[1] Yingli Niu, Qian Peng, Chunmei Deng, Xing Gao, and Zhigang Shuai. Theory of excited state decays and optical spectra: Application to polyatomic molecules. *The Journal of Physical Chemistry A*, 114(30):7817–7831, 2010.

[2] Veaceslav Coropceanu, Jérôme Cornil, Demetrio A da Silva Filho, Yoann Olivier, Robert Silbey, and Jean-Luc Brédas. Charge transport in organic semiconductors. *Chemical reviews*, 107(4):926–952, 2007.

[3] Volkhard May, K Oliver, et al. *Charge and energy transfer dynamics in molecular systems, 3ra edición*. John Wiley & Sons, 2011.

[4] Gregory D Scholes and Garry Rumbles. Excitons in nanoscale systems. *Nature materials*, 5(9):683–696, 2006.

[5] Luis Serrano-Andrés and Manuela Merchán. Quantum chemistry of the excited state: 2005 overview. *Journal of Molecular Structure: THEOCHEM*, 729(1):99–108, 2005.

[6] Young Min Rhee and Martin Head-Gordon. Scaled second-order perturbation corrections to configuration interaction singles: efficient and reliable excitation energy methods. *The Journal of Physical Chemistry A*, 111(24):5314–5326, 2007.

[7] Martin Head-Gordon, Rudolph J Rico, Manabu Oumi, and Timothy J Lee. A doubles correction to electronic excited states from configuration interaction in the space of single substitutions. *Chemical Physics Letters*, 219(1-2):21–29, 1994.

[8] Hairong Li, Kunwu Fu, Pablo P Boix, Lydia H Wong, Anders Hagfeldt, Michael Grätzel, Subodh G Mhaisalkar, and Andrew C Grimsdale. Hole-transporting small molecules based on thiophene cores for high efficiency perovskite solar cells. *ChemSusChem*, 7(12):3420–3425, 2014.

[9] Nicolas Vazquez, Maria Ines, et al. *Algunos aspectos básicos de la química computacional*. UNAM, 2006.

[10] John P Perdew, Kieron Burke, and Matthias Ernzerhof. Generalized gradient approximation made simple. *Physical review letters*, 77(18):3865, 1996.

[11] F. Jensen. *Introduction to Computational Chemistry*. Wiley, 2007.

[12] Andreas Dreuw and Martin Head-Gordon. Failure of time-dependent density functional theory for long-range charge-transfer excited states: the zincbacteriochlorin- bacteriochlorin and bacteriochlorophyll-spheroidene complexes. *Journal of the American Chemical Society*, 126(12):4007–4016, 2004.

[13] Oracio Barbosa-García, José Luis Maldonado, Gabriel Ramos-Ortiz, Mario Rodríguez, Enrique Pérez-Gutiérrez, Marco A Meneses-Nava, Juan Luis Pichardo, Nancy Ornelas, and Pedro Luis López de Alba. Celdas solares orgánicas como fuente de energía sustentable. *Acta Universitaria*, 22(5).

[14] Xu Bo. *Advanced Organic Hole Transport Materials for Solution-Processed Photovoltaic Devices*. PhD thesis, KTH Royal Institute of Technology, 2015.

[15] Peng Gao, Michael Gratzel, and Mohammad K Nazeeruddin. Organohalide lead perovskites for photovoltaic applications. *Energy & Environmental Science*, 7(8):2448–2463, 2014.

[16] Martin A Green, Anita Ho-Baillie, and Henry J Snaith. The emergence of perovskite solar cells. *Nature Photonics*, 8(7):506–514, 2014.

[17] Michael Grätzel. The light and shade of perovskite solar cells. *Nature materials*, 13(9):838, 2014.

[18] Akihiro Kojima, Kenjiro Teshima, Yasuo Shirai, and Tsutomu Miyasaka. Organometal halide perovskites as visible-light sensitizers for photovoltaic cells. *Journal of the American Chemical Society*, 131(17):6050–6051, 2009.

[19] Ya-Kun Wang, Zuo-Quan Jiang, and Liang-Sheng Liao. New advances in small molecule hole-transporting materials for perovskite solar cells. *Chinese Chemical Letters*, 27(8):1293–1303, 2016.

[20] Alexandre Gheno, Sylvain Vedraine, Bernard Ratier, and Johann Bouclé. π-conjugated materials as the hole-transporting layer in perovskite solar cells. *Metals*, 6(1):21, 2016.

[21] Nevena Marinova, Silvia Valero, and Juan Luis Delgado. Organic and perovskite solar cells: Working principles, materials and interfaces. *Journal of colloid and interface science*, 488:373–389, 2017.

[22] Domenico Alberga, Giuseppe Felice Mangiatordi, Frédéric Labat, Ilaria Ciofini, Orazio Nicolotti, Gianluca Lattanzi, and Carlo Adamo.

Theoretical investigation of hole transporter materials for energy devices. *The Journal of Physical Chemistry C*, 119(42):23890–23898, 2015.

[23] Simona Fantacci, Filippo De Angelis, Mohammad K Nazeeruddin, and Michael Grätzel. Electronic and optical properties of the spiro-meotad hole conductor in its neutral and oxidized forms: a dft/tddft investigation. *The Journal of Physical Chemistry C*, 115(46):23126–23133, 2011.

[24] Yan-Zuo Lin, Chiung Hui Huang, Yuan Jay Chang, Chia-Wei Yeh, Tsung-Mei Chin, Kai-Ming Chi, Po-Ting Chou, Motonori Watanabe, and Tahsin J Chow. Anthracene based organic dipolar compounds for sensitized solar cells. *Tetrahedron*, 70(2):262–269, 2014.

[25] Bo Xu, Haining Tian, Lili Lin, Deping Qian, Hong Chen, Jinbao Zhang, Nick Vlachopoulos, Gerrit Boschloo, Yi Luo, Fengling Zhang, et al. Integrated design of organic hole transport materials for efficient solid-state dye-sensitized solar cells. *Advanced Energy Materials*, 5(3), 2015.

[26] Wei-Jie Chi, Quan-Song Li, and Ze-Sheng Li. Effects of molecular configuration on charge diffusion kinetics within hole-transporting materials for perovskites solar cells. *The Journal of Physical Chemistry C*, 119(16):8584–8590, 2015.

[27] Wasana Senevirathna, Cassie M Daddario, and Geneviève Sauvé. Density functional theory study predicts low reorganization energies for azadipyrromethene-based metal complexes. *The journal of physical chemistry letters*, 5(5):935–941, 2014.

[28] Diego Tozini, Mariano Forti, Pablo Gargano, PR Alonso, and GH Rubiolo. Charge difference calculation in fe/fe3o4 interfaces from dft results. *Procedia Materials Science*, 9:612–618, 2015.

[29] S Do Sung, MS Kang, IT Choi, HM Kim, H Kim, M Hong, HK Kim, and WI Lee. 14.8 % perovskite solar cells employing carbazole derivatives as hole transporting materials. *Chemical communications (Cambridge, England)*, 50(91):14161–14163, 2014.

[30] Bo Xu, Esmaeil Sheibani, Peng Liu, Jinbao Zhang, Haining Tian, Nick Vlachopoulos, Gerrit Boschloo, Lars Kloo, Anders Hagfeldt, and Licheng Sun. Carbazole-based hole-transport materials for efficient solid-state dye-sensitized solar cells and perovskite solar cells. *Advanced Materials*, 26(38):6629–6634, 2014.

[31] Dongqin Bi, Bo Xu, Peng Gao, Licheng Sun, Michael Grätzel, and Anders Hagfeldt. Facile synthesized organic hole transporting material for perovskite solar cell with efficiency of 19.8 %. *Nano Energy*, 23:138–144, 2016.

[32] Saripally Sudhaker Reddy, Kumarasamy Gunasekar, Jin Hyuck Heo, Sang Hyuk Im, Chang Su Kim, Dong-Ho Kim, Jong Hun Moon, Jin Yong Lee, Myungkwan Song, and Sung-Ho Jin. Highly efficient organic hole transporting materials for perovskite and organic solar cells with long-term stability. *Advanced Materials*, 28(4):686–693, 2016.

[33] Peng Qin, Sanghyun Paek, M Ibrahim Dar, Norman Pellet, Jaejung Ko, Michael Gratzel, and Mohammad Khaja Nazeeruddin. Perovskite solar cells with 12.8 % efficiency by using conjugated quinolizino acridine based hole transporting material. *Journal of the American Chemical Society*, 136(24):8516–8519, 2014.

[34] Fei Zhang, Chenyi Yi, Peng Wei, Xiangdong Bi, Jingshan Luo, Gwénolé Jacopin, Shirong Wang, Xianggao Li, Yin Xiao, Shaik Mohammed Zakeeruddin, et al. A novel dopant-free triphenylamine based molecular "butterfly" hole-transport material for highly efficient and stable perovskite solar cells. *Advanced Energy Materials*, 6(14), 2016.

[35] Zinab H Bakr, Qamar Wali, Azhar Fakharuddin, Lukas Schmidt-Mende, Thomas M Brown, and Rajan Jose. Advances in hole transport materials engineering for stable and efficient perovskite solar cells. *Nano Energy*, 34:271–305, 2017.

[36] Tomas Leijtens, I-Kang Ding, Tommaso Giovenzana, Jason T Bloking, Michael D McGehee, and Alan Sellinger. Hole transport materials with low glass transition temperatures and high solubility for application in solid-state dye-sensitized solar cells. *ACS nano*, 6(2):1455–1462, 2012.

www.ingramcontent.com/pod-product-compliance
Lightning Source LLC
Chambersburg PA
CBHW041204180526
45172CB00006B/1181